配网不停电作业

技能提升图文教材

国网宁夏电力有限公司培训中心　编

中国电力出版社
CHINA ELECTRIC POWER PRESS

图书在版编目（CIP）数据

配网不停电作业技能提升图文教材 / 国网宁夏电力有限公司培训中心编. —北京：中国电力出版社，2022.8

ISBN 978-7-5198-6493-4

Ⅰ. ①配… Ⅱ. ①国… Ⅲ. ①配电线路–带电作业–教材 Ⅳ. ①TM726

中国版本图书馆 CIP 数据核字（2022）第 017487 号

出版发行：中国电力出版社
地　　址：北京市东城区北京站西街 19 号（邮政编码 100005）
网　　址：http://www.cepp.sgcc.com.cn
责任编辑：雍志娟
责任校对：黄　蓓　常燕昆
装帧设计：郝晓燕
责任印制：石　雷

印　　刷：三河市万龙印装有限公司
版　　次：2022 年 8 月第一版
印　　次：2022 年 8 月北京第一次印刷
开　　本：710 毫米×1000 毫米　16 开本
印　　张：20.25
字　　数：319 千字
印　　数：0001—1000 册
定　　价：120.00 元

编 委 会

前　言

随着我国经济社会的快速发展，人民生产生活对不间断供电的要求越来越高，同时供电企业对社会承诺供电优质服务内容和质量不断提高和超越，按照以前计划停电检修、安装的单一工作方式已经不能满足当前配网的不间断供电运行模式，所以要实现“不停电”这个宏伟目标，提高配网不停电作业技术水平，不断开发实用性、安全性、可靠性较高的带电作业新项目是其中的重要举措。

国网宁夏电力有限公司紧跟国家电网有限公司步伐，坚持以客户为中心，以提升供电可靠性为主线，通过提高不停电作业精益化管理水平，强化工器具（装备）配置力度，创新不停电作业技术，完善不停电作业培训体系等举措，打造了一支符合新战略、新形势的综合型不停电作业队伍，推动了配网作业由停电为主向不停电为主转变，为国家电网有限公司建设具有中国特色国际领先的能源互联网企业提供有力支撑。

为了提升配网不停电作业人员业务水平，保证配网不停电作业工作安全有序开展。国网宁夏电力有限公司培训中心组织编制了《配网不停电作业技能提升图文教材》，本教材依据现有相关法律、条例、规程和导则，立足公司配网不停电作业发展规划和培训思路，结合公司系统各单位配网不停电作业开展的培训特点和实践经验进行编制。

全书共 12 章，涵盖配网不停电作业中带负荷更换柱上开关或隔离开关、带负荷直线杆改耐张杆、不停电更换柱上变压器（发电车方式）等 12 个三、四类项目的操作过程。每个作业项目均从人员组合、作业方法、工器具配备的作业梗概介绍，到作业前准备、操作过程，再到后期的工作终结、召开班后会、资料整理、工器具入库都进行了详细的介绍，并且每个作业项目都注明了相关注意事项。其中第一章“带电更换柱上开关或隔离开关（绝缘手套作业法）”由李真娣编写；第二章“带电更换直线杆绝缘子及横担（绝缘杆作业法）”由何玉鹏编写；第三章“带电更换熔断器（绝缘杆作业法）”由张金鹏编写；第四章“带电更换耐张绝缘子串及横担”由扈斐编写；第五章“带电更换直线电杆”由吴国平编写；第六章“带电直线杆改终端杆”由张子诚编写；第七章“带负荷更换熔断器（绝缘引流线法）”由谢亚雷编写；第八章“带负荷更换柱上开关或隔离开关（绝缘引流线法）”由买晓文编写；第九章“带负荷直线杆改耐张杆”由潘龙编写；第十章“带电断空载电缆线路与架空线路连接引线”由郝斌斌编写；第十一章“带负荷直线杆改耐张杆并加装柱上开关或隔离开关”由姚玉存和朱宇辰编写；第十二章“不停电更换柱上变压器（发电车方式）”由马振兴编写。

本书可供配网不停电作业人员及相关技术、管理人员使用，并可用于大专院校的教学实践。由于编写水平所限，书中难免存在不妥或疏漏之处，希望广大读者批评指正。

编　者

2022 年 8 月

目录

前言

第一章　带电更换柱上开关或隔离开关（绝缘手套作业法）……1
　第一节　作业梗概……2
　第二节　作业过程……4
　第三节　安全措施及注意事项……24
第二章　带电更换直线杆绝缘子及横担（绝缘杆作业法）……26
　第一节　作业梗概……27
　第二节　作业过程……29
　第三节　安全措施及注意事项……51
第三章　带电更换熔断器（绝缘杆作业法）……53
　第一节　作业梗概……54
　第二节　作业过程……56
　第三节　安全措施及注意事项……77
第四章　带电更换耐张绝缘子串及横担……79
　第一节　作业梗概……79
　第二节　作业过程……83
　第三节　安全措施及注意事项……104
第五章　带电更换直线电杆……106
　第一节　作业梗概……107
　第二节　作业过程……110
　第三节　安全措施及注意事项……134

第六章　带电直线杆改终端杆 …………………………………………………………136
第一节　作业梗概 ……………………………………………………………………137
第二节　作业过程 ……………………………………………………………………140
第三节　安全措施及注意事项 ………………………………………………………160
第七章　带负荷更换熔断器（绝缘引流线法）………………………………………162
第一节　作业梗概 ……………………………………………………………………163
第二节　作业过程 ……………………………………………………………………166
第三节　安全措施及注意事项 ………………………………………………………185
第八章　带负荷更换柱上开关或隔离开关（绝缘引流线法）………………………187
第一节　作业梗概 ……………………………………………………………………188
第二节　作业过程 ……………………………………………………………………191
第三节　安全措施及注意事项 ………………………………………………………210
第九章　带负荷直线杆改耐张杆 ………………………………………………………212
第一节　作业梗概 ……………………………………………………………………213
第二节　作业过程 ……………………………………………………………………216
第三节　安全措施及注意事项 ………………………………………………………237
第十章　带电断空载电缆线路与架空线路连接引线 …………………………………239
第一节　作业梗概 ……………………………………………………………………240
第二节　作业过程 ……………………………………………………………………243
第三节　安全措施及注意事项 ………………………………………………………260
第十一章　带负荷直线杆改耐张杆并加装柱上开关或隔离开关 ……………………262
第一节　作业梗概 ……………………………………………………………………263
第二节　作业过程 ……………………………………………………………………266
第三节　安全措施及注意事项 ………………………………………………………287
第十二章　不停电更换柱上变压器（发电车方式）…………………………………289
第一节　作业梗概 ……………………………………………………………………290
第二节　作业过程 ……………………………………………………………………293
第三节　安全措施及注意事项 ………………………………………………………314

第一章　带电更换柱上开关或隔离开关（绝缘手套作业法）

本内容围绕配电线路检修中开展的带电更换柱上开关或隔离开关工作进行介绍，重点讲解绝缘手套作业法带电更换柱上开关或隔离开关的作业原理、人员组合、工器具配备、作业流程（涵盖技术要领、安全措施和注意事项）等方面内容。

该作业项目的作业原理见图 1-1。

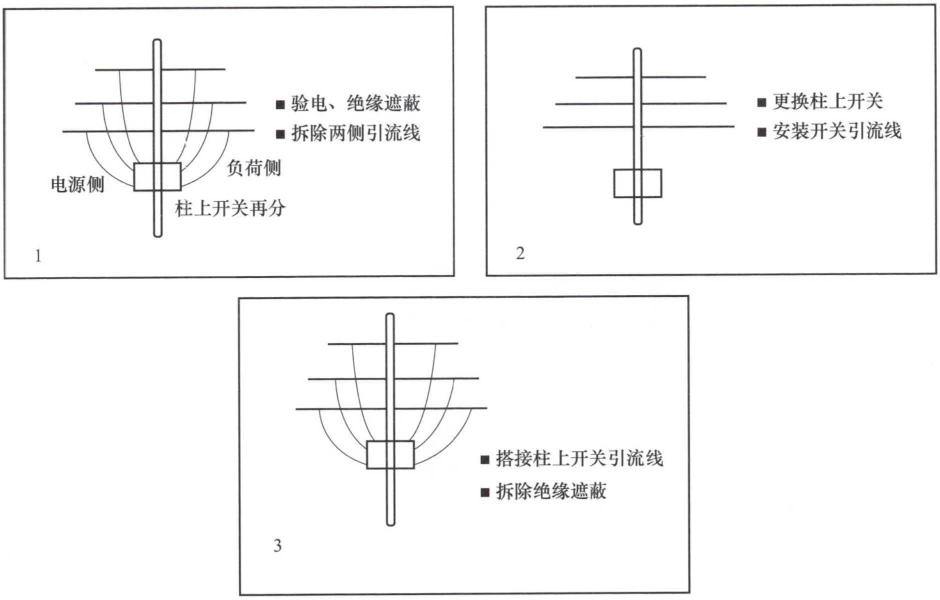

图 1-1　作用原理图

第一节 作业梗概

1. 人员组合

本项目需 4 人，具体分工见表 1-1。

表 1-1 人员的具体分工

人员分工	人数（人）
工作负责人（兼工作监护人）	1
斗内电工	2
地面电工	1

2. 作业方法

绝缘手套作业法。

3. 主要工器具配备

主要工器具配备见表 1-2。

表 1-2 主要工器具配置

序号	工器具名称		参考图	规格、型号	数量	备注
1	特种车辆	绝缘斗臂车		10kV	1 辆	
2	绝缘防护用具	绝缘手套	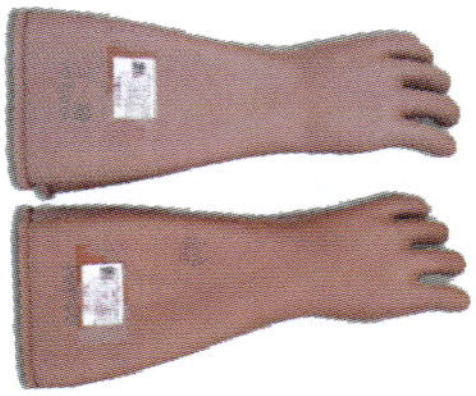	10kV	2 双	戴防护手套

续表

序号	工器具名称		参考图	规格、型号	数量	备注
3	绝缘防护用具	绝缘安全帽		10kV	4 顶	
4		绝缘披肩		10kV	2 套	
5		绝缘安全带		10kV	2 副	
6	绝缘遮蔽用具	导线遮蔽罩		10kV	12 个	
7		引线遮蔽罩	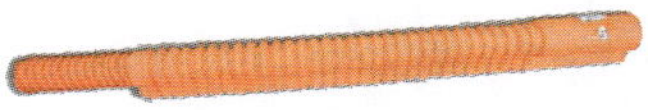	10kV	6 个	
8		绝缘毯		10kV	20 块	
9	绝缘工具	绝缘传递绳		ϕ12mm	2 根	15m

续表

序号	工器具名称		参考图	规格、型号	数量	备注
10	绝缘工具	绝缘绳	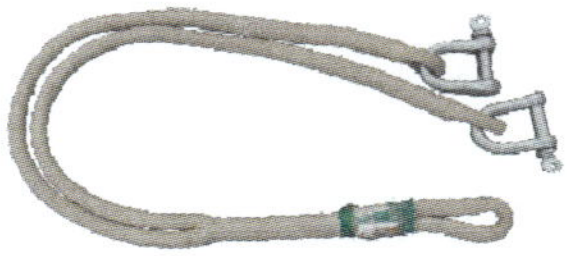	ϕ14mm	1 套	1.0m×4，吊开关用
11		绝缘绳套	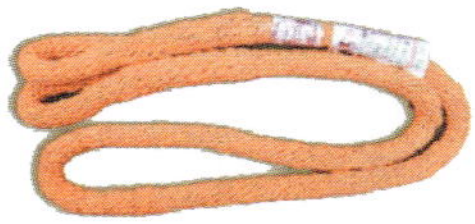	10kV	6 根	1.0m
12	其他	绝缘电阻测试仪		2500V 及以上	1 套	
13		验电器		10kV	1 套	
14		电动扳手		—	2 副	

第二节 作 业 过 程

1. 作业前准备

（1）工具储运和检测。

1）领用绝缘工器具、安全用具及辅助器具，应核对工器具的使用电压等级和试验周期，并检查外观完好无损（见图 1–2）。

图 1–2　工器具检查

2）工器具在运输过程中，应存放在专用工具袋、工具箱或工具车内，以防受潮和损伤（见图 1–3）。

图 1–3　工器具专用工具箱

（2）现场操作前的准备。

1）工作负责人核对线路名称、杆号（见图 1–4）。

图 1–4 工作人员核对线路名称、杆号

2）工作前工作负责人检查柱上负荷开关或隔离开关应在拉开位置，具有配网自动化功能的柱上负荷开关，其电压互感器应退出运行。检查作业装置和现场环境符合带电作业条件（见图 1–5）。

图 1–5 检查作业装置

3）工作负责人按配电带电作业工作票内容与值班调控人员联系，履行工作许可手续（见图 1–6）。

图1-6　负责人联系值班调控人员

4）绝缘斗臂车进入合适位置，并可靠接地（见图1-7），根据道路情况设置安全围栏、警告标志或路障。

图1-7　车辆接地

5）工作负责人召集工作人员开班前会交代工作任务，对工作班成员进行危险点告知，交代安全措施和技术措施，确认每一个工作班成员都已知晓，检查工作班成员精神状态是否良好，工作人员是否合适（见图1-8）。

图1-8 召开班前会

6）整理工作材料，对安全用具、绝缘工具进行检查，对绝缘工具应使用绝缘测试仪进行分段绝缘检测，绝缘电阻值不低于700MΩ（见图1-9）。检查、擦拭绝缘臂、绝缘斗，绝缘斗臂车空斗试操作。

图1-9 分段检测绝缘工器具

7）检查测试新柱上负荷开关或隔离开关设备机电性能良好，符合作业要求（见图1-10）。

图 1-10　检测新柱上负荷开关

2. 操作过程

（1）斗内作业人员做好准备进入斗内。

1）工作负责人对斗内作业人员穿戴进行检查（见图 1-11）。

图 1-11　检查穿戴

2）工作负责人对斗内作业人员安全带挂接情况进行检查（见图 1－12）。

图 1－12 检查安全带挂接情况

3）地面电工配合将工器具转移至绝缘斗内，应注意以下几点：

a. 绝缘毯用绝缘夹加以固定（见图 1－13）。

图 1－13 绝缘毯用绝缘夹加以固定

b. 工器具应放置在专用的工具袋（箱）内（见图 1－14）。

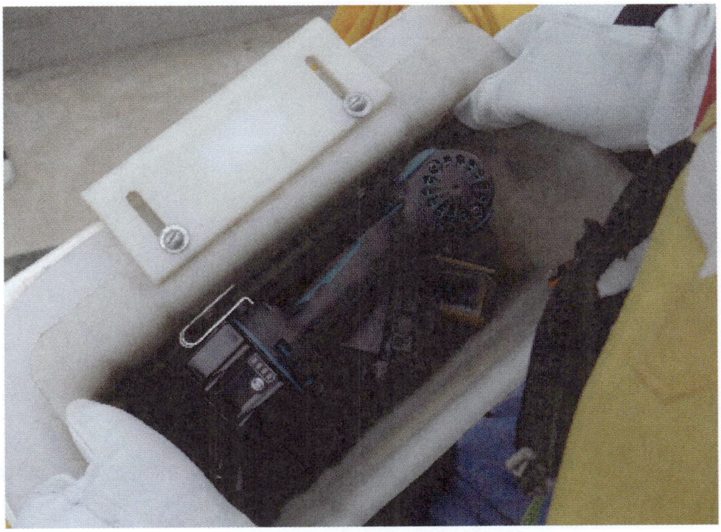

图 1－14　工器具应放置在专用的工具袋（箱）内

c. 斗内作业人员严禁踩踏绝缘工器具（见图 1－15）。

图 1－15　斗内作业人员严禁踩踏绝缘工器具

（2）验电。

1）验电注意事项。

a. 通过验电器的自检按钮检查确认良好（见图 1－16）；

图 1－16 验电器确认良好

b. 条件允许的情况下，在带电体的裸露部分验电确认验电器良好；

c. 将伸缩式验电器全部拉出，确保有效绝缘长度不小于 0.7m（见图 1－17）。

图 1－17 有效绝缘长度不小于 0.7m

2）验电内容。斗内电工将工作斗调整至带电导线横担下侧适当位置，使用验电器按照“先下后上，先近后远，先带电体后接地体（导线→绝缘子→横担）”的顺序对带电体及接地体进行验电，确认有无漏电现象（见图 1－18）。

图 1–18　验电

3）将验电结果向工作负责人进行汇报。若有漏电现象则报告工作负责人，终止工作；若无漏电现象则报告工作负责人，正常开展工作（见图 1–19）。

图 1–19　汇报验电结果

（3）安装绝缘遮蔽。斗内电工按照“从近到远、从下到上、先带电体后接地体”的遮蔽原则对作业范围内的所有带电体和接地体进行绝缘遮蔽（见图 1–20），且应遵循：

1）对导线、引线、耐张线夹、隔离开关等带电设备进行绝缘遮蔽。

2）对绝缘子、横担等设备进行绝缘遮蔽。

3）其他两相绝缘遮蔽按照相同方法进行。

图 1-20　安装绝缘遮蔽

（4）带电更换柱上开关或隔离开关。

1）更换柱上开关。

a. 斗内电工调整绝缘斗支柱上开关电源侧适当位置，按照“由近及远、由低至高”的顺序将柱上开关电源侧引线从主导线上拆开，并妥善固定，恢复主导线处绝缘遮蔽措施（见图 1-21）。

图 1-21　拆开并固定电源侧引线

b. 斗内电工调整绝缘斗支柱上开关负荷侧适当位置，按照“由近及远、由低至高”的顺序将柱上开关负荷侧引线从主导线上拆开，并妥善固定，恢复主导线处绝缘遮蔽措施（见图 1-22）。

图 1-22　拆开并固定负荷侧引线

c. 斗内电工拆除柱上开关与两侧引线的连接，妥善收回引线（见图 1-23）。

图 1-23　拆除全部连接引线

d. 斗内电工调整绝缘斗支柱上开关上方适当位置，使用绝缘吊臂缓慢放下绝缘吊绳支柱上开关上方（见图 1－24）。

图 1－24　放下绝缘吊绳

e. 杆上电工登杆支柱上开关适当位置安装开关吊绳（见图 1－25），示意斗内电工人员缓慢收紧绝缘吊绳，使绝缘吊绳预受力。

图 1－25　安装开关吊绳

f. 杆上电工拆除柱上开关固定螺栓及接地连接，使柱上开关脱离固定支架（见图 1－26）。

图 1-26　柱上开关脱离固定支架

g. 斗内电工操作绝缘吊臂缓慢将柱上开关放至地面（见图 1-27）。

图 1-27　柱上开关放至地面

h. 斗内电工与地面电工及杆上电工相互配合将新的柱上开关起吊并安装至固定支架，安装稳固后恢复接地连接（见图 1-28）。

图 1－28　安装新柱上开关至固定支架

i. 斗内电工完成柱上开关本体与两侧引线的连接，妥善固定两侧引线，并恢复柱上开关两侧引线的绝缘遮蔽（见图 1－29）。

图 1－29　连接开关本体与两侧引线

j. 斗内电工按照“先难后易、先上后下”的顺序将负荷侧引线接至主导线上，及时恢复绝缘遮蔽。柱上开关电源侧引线按照相同方法搭接（见图 1－30）。

图 1-30　连接引线与主导线

2）更换隔离开关。

a. 斗内电工调整绝缘斗至隔离开关电源侧适当位置，按照“由近及远、由低至高”的顺序将隔离开关电源侧引线从主导线上拆开，并妥善固定，恢复主导线处绝缘遮蔽措施。

b. 斗内电工调整绝缘斗至隔离开关负荷侧适当位置，按照“由近及远、由低至高”的顺序将隔离开关负荷侧引线从主导线上拆开，并妥善固定，恢复主导线处绝缘遮蔽措施。

c. 斗内电工拆除隔离开关与两侧引线的连接，妥善固定引线。

d. 斗内电工与杆上电工及地面电工相互配合更换隔离开关。

e. 斗内电工完成隔离开关与两侧引线的安装，妥善固定两侧引线。

f. 斗内电工按照“先难后易、先上后下”的顺序将负荷侧引线接至主导线上，及时恢复绝缘遮蔽；隔离开关电源侧引线按照相同方法搭接。

（5）拆除绝缘遮蔽。按照“从远到近、从上到下、先接地体后带电体”的原则依次拆除绝缘遮蔽，绝缘斗退出有电区域（见图 1-31）。

（6）施工质量检查。

1）工作负责人指挥斗内电工检查施工质量是否满足工艺要求。

2）工作负责人指挥斗内电工检查是否有遗留物。

3）工作负责人监护斗内电工返回地面。

图 1-31　拆除绝缘遮蔽

3. 工作终结

（1）工作结束后工作负责人向停送电联系人汇报工作结束，并按照调控要求办理工作票终结手续（见图 1-32）。停送电联系人向配电网值班调控人员申请恢复线路重合闸。

图 1-32　办理工作票终结手续

（2）工作负责人组织作业人员清点工器具并清理工作现场，要求做到“工完、料尽、场地清”（见图 1-33）。

图1-33　清理作业现场

4. 召开班后会

（1）工作负责人对施工质量、安全措施落实情况、作业流程进行现场点评（见图1-34）。

（2）工作负责人对作业人员的熟练程度、规范性进行点评。

图1-34　现场点评

5. 工器具入库

作业结束后，作业人员需将工器具归还入库，并办理入库手续（见图 1-35）。

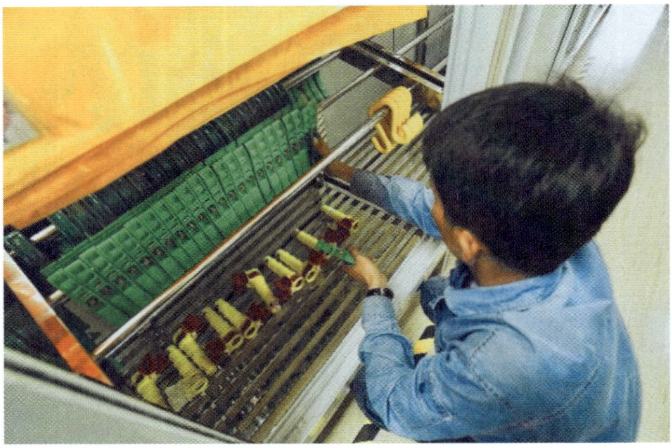

图 1-35 工器具入库

6. 资料整理

（1）工作负责人将工作票录入 PMS 系统（见图 1-36）。

图 1-36 工作票录入系统

（2）工作负责人将纸质资料进行归档保管，需归档资料如下：

1）工作票（见图 1-37）。

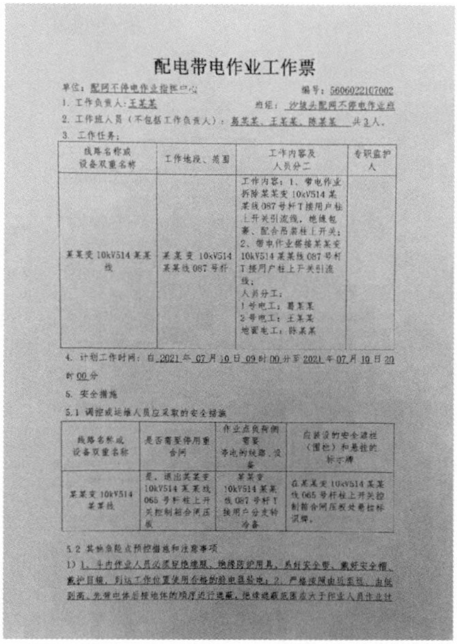

配电带电作业工作票

单位：配网不停电作业指挥中心　　编号：5606022107002

1. 工作负责人：王某某　　班组：沙头配网不停电作业班

2. 工作班人员（不包括工作负责人）：葛某某、王某某、陈某某　共3人。

3. 工作任务：

线路名称或设备双重名称	工作地段、范围	工作内容及人员分工	专职监护人
某某变10kV514某某线	某某变10kV514某某线087号杆	工作内容：1、带电作业拆除某某变10kV514某某线087号杆T接用户柱上开关引流线，绝缘包裹、配合吊装柱上开关；2、带电作业搭接某某变10kV514某某线087号杆T接用户柱上开关引流线；人员分工：1号电工：葛某某 2号电工：王某某 地面电工：陈某某	

4. 计划工作时间：自2021年07月10日09时00分至2021年07月10日20时00分

5. 安全措施

5.1 调控或运维人员应采取的安全措施

线路名称或设备双重名称	是否需要停用重合闸	作业点负荷侧需要停电的线路、设备	应装设的安全遮栏（围栏）和悬挂的标示牌
某某变10kV514某某线	是，退出某某变10kV514某某线065号杆柱上开关控制箱合闸压板	某某变10kV514某某线087号杆T接用户分支转冷备	在某某变10kV514某某线065号杆柱上开关控制箱合闸压板处悬挂标识牌。

5.2 其他危险点预控措施和注意事项

1）1、斗内作业人员必须穿绝缘服、绝缘防护用具，系好安全带，戴好安全帽、戴护目镜，到达工作位置使用合格的验电器验电；2、严格按照由近至远、由低到高、先带电体后接地体的顺序进行遮蔽，绝缘遮蔽范围应大于作业人员作业过

图1－37 工作票

2）现场勘察记录（见图1－38）。

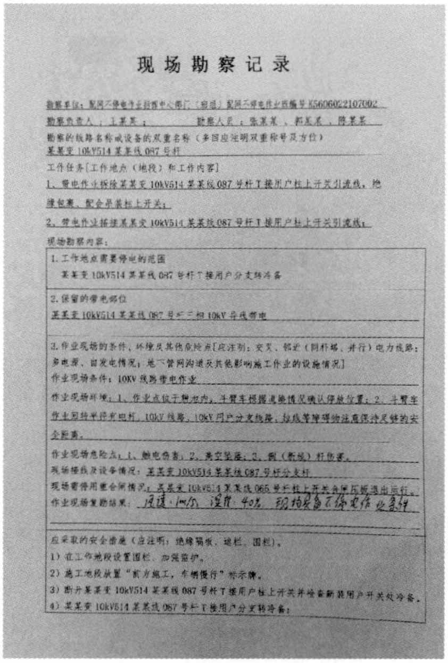

现场勘察记录

勘察单位：配网不停电作业指挥中心部门（班组）配网不停电作业班编号K5606022107002

勘察负责人：王某某；　　勘察人员：张某某、郭某某、陈某某

勘察的线路名称或设备的双重名称（多回应注明双重称号及方位）

某某变10kV514某某线087号杆

工作任务[工作地点（地段）和工作内容]

1、带电作业拆除某某变10kV514某某线087号杆T接用户柱上开关引流线，绝缘包裹、配合吊装柱上开关；

2、带电作业搭接某某变10kV514某某线087号杆T接用户柱上开关引流线；

现场勘察内容：

1. 工作地点需要停电的范围

某某变10kV514某某线087号杆T接用户分支转冷备

2. 保留的带电部位

某某变10kV514某某线087号杆三相10kV导线带电

3. 作业现场的条件、环境及其他危险点[应注明：交叉、邻近（同杆塔、并行）电力线路；多电源、自发电情况；地下管网沟道及其他影响施工作业的设施情况]

作业现场条件：10KV线路带电作业

作业现场环境：1、作业点位于绿化内，斗臂车根据道路情况确认停放位置；2、斗臂车作业司转半径有电杆、10kV线路、10kV用户分支线路、拉线等障碍物注意保持足够的安全距离。

作业现场危险点：1、触电伤害；2、高空坠落；3、倒（断）杆伤害。

现场接线及设备情况：某某变10kV514某某线087号杆分支杆

现场需停用重合闸情况：某某变10kV514某某线065号杆柱上开关合闸压板退出运行。

作业现场复勘结果：风速1m/s 湿度40% 现场具备不停电作业条件

应采取的安全措施（应注明：绝缘隔板、遮栏、围栏）。

1）在工作地段设置围栏、加强监护。

2）施工地段放置"前方施工，车辆慢行"标示牌。

3）断开某某变10kV514某某线087号杆T接用户柱上开关并检查新装用户开关处冷备。

4）某某变10kV514某某线087号杆T接用户分支转冷备；

图1－38 现场勘察记录

3）作业指导书（见图 1-39）。

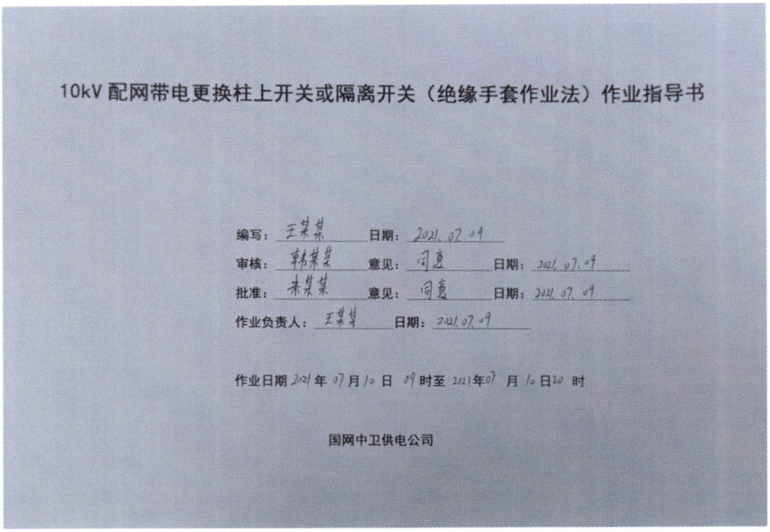

10kV 配网带电更换柱上开关或隔离开关（绝缘手套作业法）作业指导书

编写：王某某 日期：2021.07.09

审核：韩某某 意见：同意 日期：2021.07.09

批准：朱某某 意见：同意 日期：2021.07.09

作业负责人：王某某 日期：2021.07.09

作业日期 2021 年 07 月 10 日 09 时至 2021 年 07 月 10 日 20 时

国网中卫供电公司

图 1-39　作业指导书

第三节　安全措施及注意事项

1. 气象条件

带电作业应在良好天气下进行，作业前须进行风速和湿度的测量，风力大于 5 级和湿度大于 80%时，不宜带电作业。若遇雷电、雪、雹、雨、雾等不良天气，禁止带电作业。带电作业过程中若遇天气突然变化，有可能危及人身安全及设备安全时，应立即停止工作撤离人员，恢复设备正常状况，或采取临时安全措施。

2. 作业环境

在车辆繁忙地段应与交通管理部门联系以取得配合。

3. 安全距离及有效绝缘长度

（1）作业中，绝缘斗臂车的有效绝缘长度不应小于 1.0m。绝缘杆的有效绝缘长度不应小于 0.7m。

（2）作业中，人体应保持对地距离不小于 0.4m，对邻相导线不小于 0.6m 的安全距离，如不能确保该安全距离时，应采用绝缘遮蔽措施，遮蔽用具之间的重叠部分不得小于 150mm。

4. 作业关键点

（1）本项目一般无需停用线路重合闸。

（2）在接触带电导线和换相作业前，应得到监护人的许可。

（3）作业时，严禁人体同时接触两个不同的电位体；绝缘斗内双人工作时禁止两人接触不同的电位体。

（4）本项目柱上隔离开关桩头对地距离不满足要求时，须进行绝缘遮蔽或加装绝缘隔离挡板。

（5）吊装、放下柱上隔离开关、柱上负荷开关应平稳。

5. 其他注意事项

（1）作业前应进行现场勘察。

（2）斗臂车绝缘斗在有电工作区域转移时，应缓慢移动，动作要平稳；绝缘斗臂车作业时，发动机不能熄火（电能驱动型除外），以保证液压系统处于工作状态。

（3）作业线路下层有低压线路同杆并架时，如妨碍作业，应对作业范围内的相关低压线路采取绝缘遮蔽措施。

（4）验电时发现隔离开关安装支架带电，应禁止继续实施本项作业。

（5）如隔离开关支柱绝缘子机械损伤，拆引线时应用锁杆妥善固定，并应采取防高空落物的措施。

（6）在拆除有配电网自动化的柱上负荷开关时，需将操动机构转至“OFF”位置，待更换完成后再行恢复“AUTO”位置。

（7）在同杆架设线路上工作，与上层线路小于安全距离规定且无法采取安全措施时，不得进行该项工作。

（8）上、下传递工具、材料均应使用绝缘传递绳，严禁抛掷。

（9）作业过程中禁止摘下绝缘防护用具。

（10）应查验柱上负荷开关的试验报告，并进行绝缘检测和试操作检查。

第二章　带电更换直线杆绝缘子及横担（绝缘杆作业法）

本内容围绕配电线路检修中开展的带电更换直线杆绝缘子及横担工作进行介绍，重点讲解绝缘杆作业法带电更换直线杆绝缘子及横担的作业原理、人员组合、工器具配备、作业流程（涵盖技术要领、安全措施和注意事项）等方面内容。

该作业项目的作业原理见图 2–1。

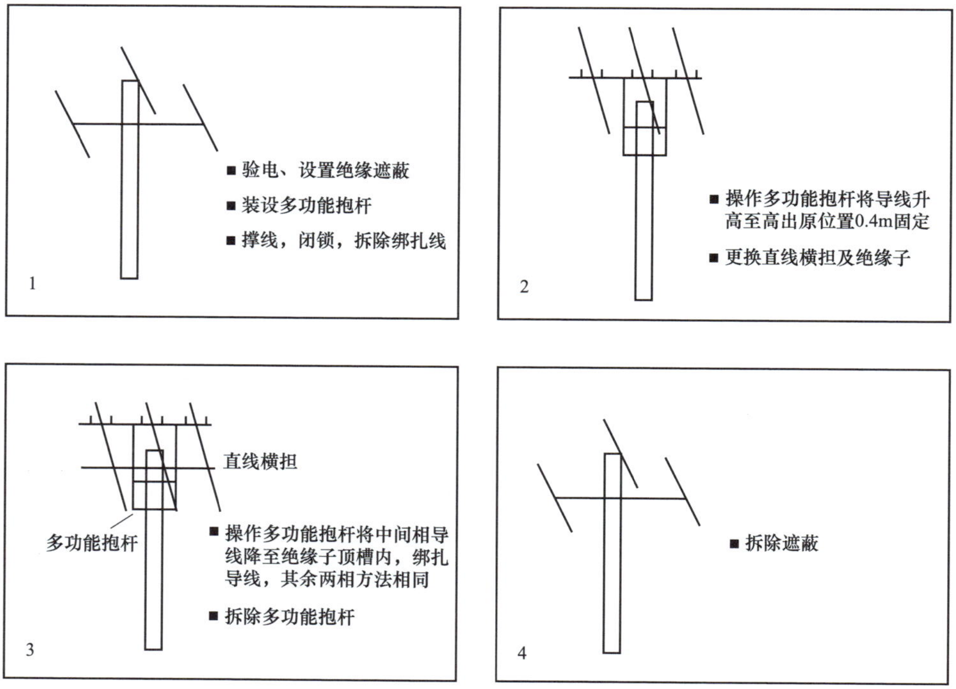

图 2–1　作业原理图

第一节 作 业 梗 概

1. 人员组合

本项目需 4 人，具体分工见表 2－1。

表 2－1　　　具体人员分工

人员分工	人数（人）
工作负责人（兼工作监护人）	1
杆上电工	2
地面电工	1

2. 作业方法

绝缘杆作业法。

3. 主要工器具配备

主要工器具配备见表 2－2。

表 2－2　　　主要工器具配备

序号	工器具名称		参考图	规格、型号	数量	备注
1	绝缘防护用具	绝缘手套	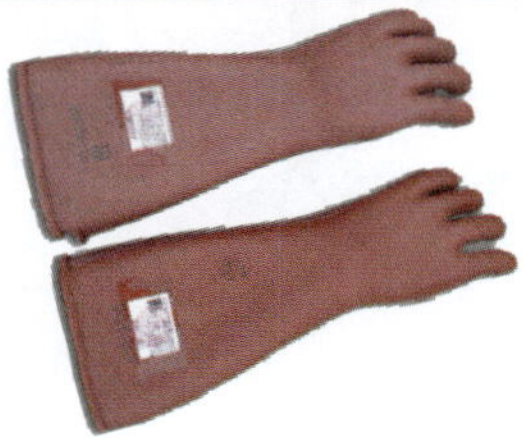	10kV	2 双	戴防护手套
2		绝缘安全帽		10kV	4 顶	

续表

序号	工器具名称		参考图	规格、型号	数量	备注
3	绝缘防护用具	绝缘安全带		10kV	2 副	
4	绝缘遮蔽用具	导线遮蔽罩		10kV	6 根	
5		绝缘子遮蔽罩	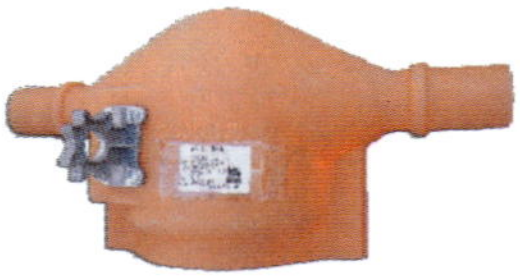	10kV	3 个	
6	绝缘工具	多功能绝缘抱杆	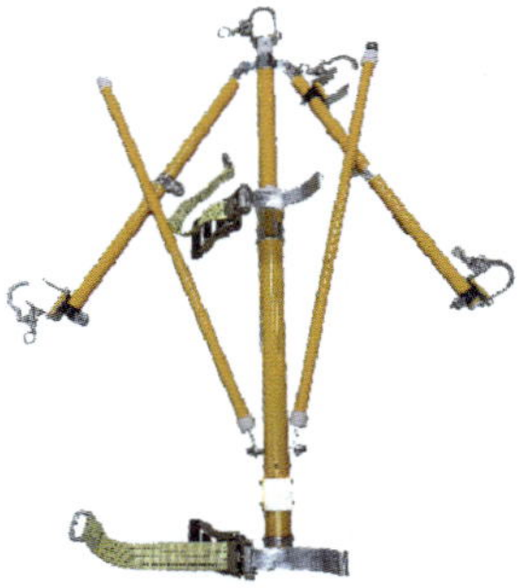	10kV	1 副	组合式绝缘横担
7		绝缘尖嘴钳		10kV	1 副	
8		绝缘锁杆		10kV	1 副	可同时锁定 2 根导线

续表

序号	工器具名称		参考图	规格、型号	数量	备注
9	绝缘工具	绝缘三齿耙		10kV	1 副	
10		绝缘绑扎线剪		10kV	1 副	
11		绝缘传递绳		12mm	1 根	15m
12	其他	绝缘电阻测试仪	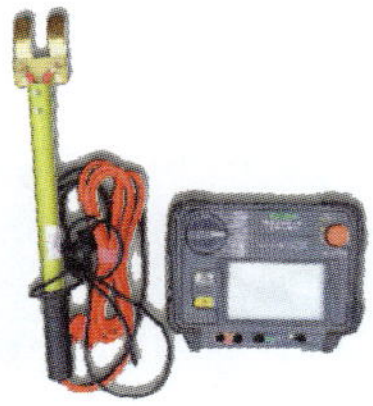	2500V 及以上	1 套	
13		验电器		10kV	1 套	

第二节　作　业　过　程

1. 作业前准备

（1）工具储运和检测。

1）领用绝缘工器具、安全用具及辅助器具，应核对工器具的使用电压等级和试验周期，并检查外观完好无损（见图 2-2）。

图 2-2 工器具检查

2）工器具在运输过程中，应存放在专用工具袋、工具箱或工具车内，以防受潮和损伤（见图 2-3）。

图 2-3 工器具专用工具袋

（2）现场操作前的准备。

1）工作负责人核对线路名称、杆号（见图 2-4）。

图 2-4　工作人员核对线路名称、杆号

2）工作负责人检查作业点两侧电杆根部、基础是否牢固、导线固定是否牢固（见图 2-5），检查作业装置和现场环境符合带电作业条件。

图 2-5　检查电杆根部

3）工作负责人按配电带电作业工作票内容与值班调控人员联系，履行工作许可手续（见图2-6）。

图2-6　负责人联系值班调控人员

4）根据道路情况设置安全围栏、警告标志或路障（见图2-7）。

图2-7　设置安全围栏及警告标志

5）工作负责人召集工作人员开班前会交代工作任务，对工作班成员进行危险点告知，交代安全措施和技术措施，确认每一个工作班成员都已知晓，检查工作班成员精神状态是否良好，工作人员是否合适（见图2-8）。

图 2-8　召开班前会

6）整理材料，对安全用具、绝缘工具进行检查，对绝缘工具应使用绝缘测试仪进行分段绝缘检测，绝缘电阻值不低于 700MΩ（见图 2-9）。

图 2-9　分段检测工器具

7）检查新绝缘子的机电性能良好（见图 2–10）。

图 2–10　检查新绝缘子性能

8）杆上电工登杆前，应先检查电杆根部、基础和拉线是否牢固（见图 2–11）。

图 2–11　检查电杆根部

2. 操作过程

（1）杆上电工登杆。

1）工作负责人对杆上作业人员穿戴进行检查（见图 2-12）。

图 2-12 检查穿戴

2）杆上作业人员应正确使用安全带，工作负责人对安全带挂接情况进行检查（见图 2-13）。

图 2-13 检查安全带挂接情况

3）地面电工配合将工器具转移至作业点应注意以下几点：

a. 利用绝缘绳上下传递工具、材料，严禁抛掷（见图 2-14）。

图 2-14 利用绝缘绳上下传递工具、材料

b. 工器具应放置在专用的工具袋（箱）内（见图 2-15）。

图 2-15 工器具应放置在专用工具袋内

c. 传递过程中注意避免工器具与电杆磕碰（见图 2-16）。

图 2-16 避免工器具与电杆磕碰

（2）验电。

1）验电注意事项。

a. 通过验电器的自检按钮检查确认良好（见图 2-17）。

图 2-17 验电器确认良好

b. 条件允许的情况下，在带电体的裸露部分验电确认验电器良好；

c. 将伸缩式验电器全部拉出，确保有效绝缘长度不小于0.7m（见图2-18）。

图2-18　有效绝缘长度不小于0.7m

2）验电内容。杆上电工调整位置至带电导线横担下侧适当位置，使用验电器按照“先下后上，先近后远，先带电体后接地体（导线→绝缘子→横担）”的顺序对带电体及接地体进行验电，确认有无漏电现象（见图2-19）。

图2-19　验电

3）将验电结果向工作负责人进行汇报。若有漏电现象则报告工作负责人，终止工作；若无漏电现象则报告工作负责人，正常开展工作（见图 2–20）。

图 2–20　汇报验电结果

（3）安装绝缘遮蔽。

1）杆上电工相互配合使用绝缘操作杆依次安装两边相导线遮蔽罩、绝缘子遮蔽罩和横担遮蔽罩（见图 2–21）。

图 2–21　安装遮蔽罩

2）杆上电工相互配合用绝缘操作杆安装中间相导线遮蔽罩和直线杆绝缘子遮蔽罩。

3）注意事项。

a. 绝缘遮蔽组合重叠距离不得小于15cm（见图2-22）。

图2-22 重叠距离不小于15cm

b. 设置导线遮蔽时，防止导线大幅度晃动引起相间短路（见图2-23）。

图2-23 导线大幅度晃动

c. 设置导线遮蔽时，注意人体与带电体、接地体安全距离，防止发生人身触电（见图 2–24）。

图 2–24　注意安全距离

d. 作业中，绝缘操作杆的有效绝缘长度不应小于 0.7m（见图 2–25）。

图 2–25　有效绝缘长度不应小于 0.7m

e. 设置绝缘遮蔽时，杆上两名电工严禁同时作业。

f. 作业线路下层有低压线路同杆并架时，如妨碍作业，应对作业范围内的相关低压线路采用绝缘遮蔽措施。

（4）带电更换直线杆绝缘子及横担。

1）多功能绝缘抱杆。

a. 杆上电工相互配合在直线担下方0.4m处安装多功能绝缘抱杆（见图2-26）。

图2-26　安装绝缘抱杆

b. 杆上电工操作多功能绝缘抱杆，提升其水平绝缘横担，将两边相导线导入线槽中锁定（见图2-27）。杆上电工相互配合依次拆除两边相导线绑扎线。

图2-27　锁定两边相导线

c. 杆上电工操作多功能绝缘抱杆，提升其水平绝缘横担，将中间相导线导入线槽中锁定（见图 2-28）。杆上电工相互配合拆除中间相导线绑扎线。

图 2-28　锁定中间相导线

d. 杆上电工操作多功能绝缘抱杆将导线升高至高出原位置 0.4m 处。（见图 2-29）

图 2-29　固定导线

e. 杆上电工相互配合更换直线杆横担及三相绝缘子（见图 2-30）。恢复横担、绝缘子的绝缘遮蔽措施。

图 2-30 更换直线杆横担及绝缘子

f. 杆上电工相互配合使用多功能绝缘抱杆将中间相导线降至绝缘子顶槽内，并使用绝缘三齿耙绑好绑扎线（见图 2-31）。恢复导线及绝缘子绝缘遮蔽措施。

图 2-31 降中间相导线

g. 杆上电工相互配合使用多功能绝缘抱杆将两边相导线降至绝缘子顶槽内，并依次使用绝缘三齿耙绑好绑扎线（见图 2-32）。恢复导线及直线杆绝缘子绝缘遮蔽措施。

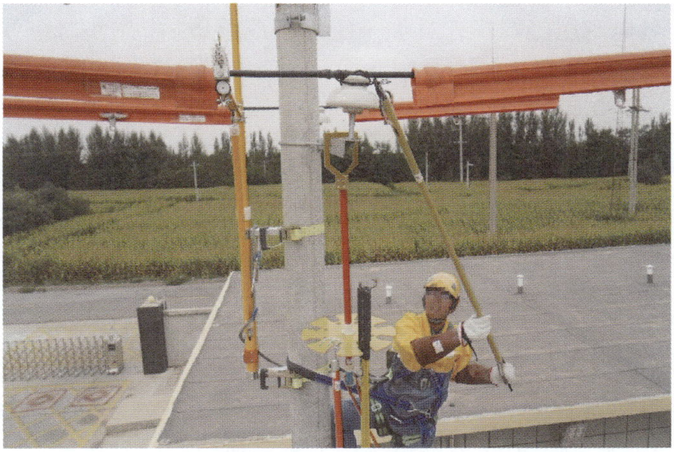

图 2－32　降两边相导线

h. 杆上电工相互配合拆除多功能绝缘抱杆（见图 2－33）。

图 2－33　拆除绝缘抱杆组合

2）支、拉杆法。

a. 地面电工使用绝缘传递绳分别将绝缘拉线杆、绝缘支线杆及固定器传至杆上电工。

b. 杆上两名电工相互配合安装绝缘支杆固定器及绝缘支杆、绝缘拉杆提升器及绝缘拉杆。

c. 拉线杆、支线杆全部装好检查无误后，地面电工将绝缘绑线剪和两用操作杆传至杆上。

d. 第一名电工用绝缘操作杆取下绝缘子遮蔽罩后，用绝缘绑线剪将绝缘子绑扎线剪断，两名电工相互配合用两用操作杆拆除绑扎线。

e. 绑扎线全部拆下后，第二名电工操作支线杆，抬起提线器使导线高于绝缘子，第一名电工操作拉线杆，缓慢将导线支出，第二名电工放下提线器，第一电工旋紧拉线杆卡箍，拆下导线上的遗留绑线。按照相同步骤将另一边相导线支出到安全距离以外。

f. 拆除待更换绝缘子、横担，安装新横担、绝缘子，并恢复横担、绝缘子的绝缘遮蔽措施。

g. 横担更换完毕后，按照支出导线相反顺序，两电工相互配合，操作支线杆、拉线杆将导线放置绝缘子顶端线槽上后，使用两用操作杆绑扎绝缘子。按照相同步骤将另一边相导线固定。

（5）拆除绝缘遮蔽。杆上电工按照“从远到近、从上到下、先接地体后带电体”的原则依次拆除绝缘遮蔽（见图 2–34）。工作结束，杆上电工将绝缘工具吊至地面。

图 2–34　拆除绝缘遮蔽

（6）施工质量检查。

1）工作负责人指挥杆上电工检查施工质量是否满足工艺要求。

2）工作负责人指挥杆上电工检查是否有遗留物。

3）工作负责人监护杆上电工返回地面。

3. 工作终结

（1）工作结束后工作负责人向停送电联系人汇报工作结束，并按照调控要求办理工作票终结手续（见图 2-35），停送电联系人向配电网值班调控人员申请恢复线路重合闸。

图 2-35 办理工作票终结手续

（2）工作负责人组织作业人员清点工器具并清理工作现场，要求做到“工完、料尽、场地清”（见图 2-36）。

图 2-36 清理工作现场

4. 召开班后会

（1）工作负责人对施工质量、安全措施落实情况、作业流程进行现场点评（见图 2－37）。

（2）工作负责人对作业人员的熟练程度、规范性进行点评。

图 2－37 现场点评

5. 工器具入库

作业结束后，作业人员需将工器具归还入库（见图 2－38），并办理入库手续。

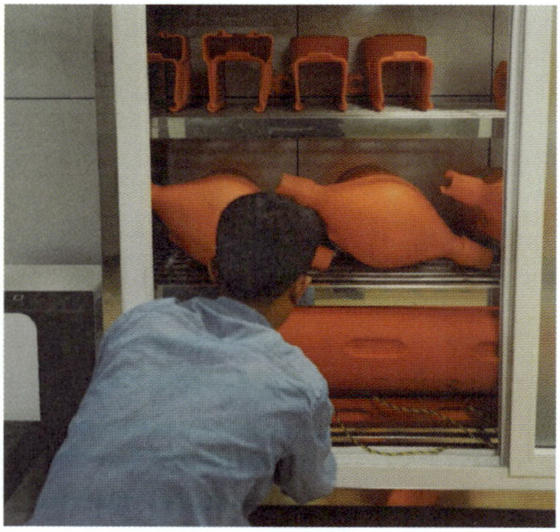

图 2－38 工器具入库

6. 资料整理

（1）工作负责人将工作票录入 PMS 系统（见图 2－39）。

图 2－39　工作票录入系统

（2）工作负责人将纸质资料进行归档保管，需归档资料如下：

1）工作票（见图 2－40）。

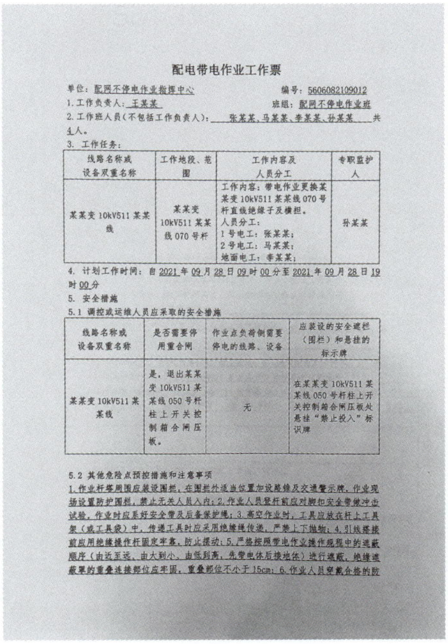

配电带电作业工作票

单位：配网不停电作业指挥中心　　编号：5606082109012

1. 工作负责人：王某某　　班组：配网不停电作业班

2. 工作班人员（不包括工作负责人）：张某某、马某某、李某某、孙某某　共 4 人。

3. 工作任务：

线路名称或设备双重名称	工作地段、范围	工作内容及人员分工	专职监护人
某某变 10kV511 某某线	某某变 10kV511 某某线 070 号杆	工作内容：带电作业更换某某变 10kV511 某某线 070 号杆直线绝缘子及横担。 人员分工： 1 号电工：张某某； 2 号电工：马某某； 地面电工：李某某；	孙某某

4. 计划工作时间：自 2021 年 09 月 28 日 09 时 00 分至 2021 年 09 月 28 日 19 时 00 分

5. 安全措施

5.1 调控或运维人员应采取的安全措施

线路名称或设备双重名称	是否需要停用重合闸	作业点负荷侧需要停电的线路、设备	应装设的安全遮栏（围栏）和悬挂的标示牌
某某变 10kV511 某某线	是，退出某某变 10kV511 某某线 050 号杆柱上开关控制箱合闸压板。	无	在某某变 10kV511 某某线 050 号杆柱上开关控制箱合闸压板处悬挂"禁止投入"标识牌

5.2 其他危险点预控措施和注意事项

1. 作业杆塔周围应装设围栏，在围栏外适当位置加设路锥及交通警示牌，作业现场设置防护围栏，禁止无关人员入内；2. 作业人员登杆前应对脚扣安全带做冲击试验，作业时应系好安全带及后备保护绳；3. 高空作业时，工具应放在杆上工具架（或工具袋）中，传递工具时应采用绝缘绳传递，严禁上下抛物；4. 引线搭接前应用绝缘操作杆固定牢靠，防止摆动；5. 严格按照带电作业操作规程中的遮蔽顺序（由近至远、由大到小、由低到高，先带电体后接地体）进行遮蔽，绝缘遮蔽罩的重叠连接部位应牢固，重叠部位不小于 15cm；6. 作业人员穿戴合格的防

图 2－40　工作票

2）现场勘察记录（见图 2–41）。

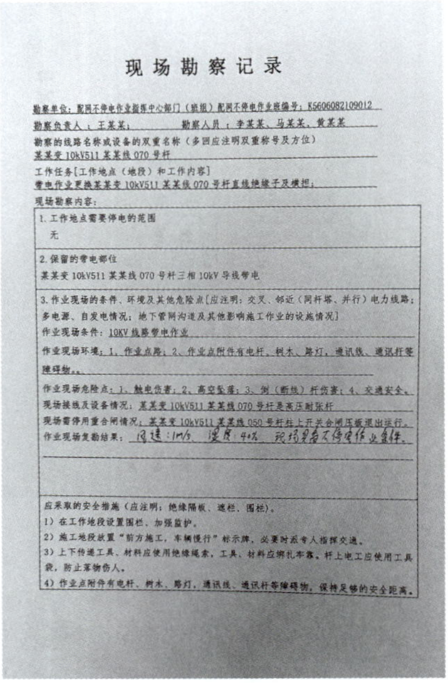

现场勘察记录

勘察单位：配网不停电作业指挥中心部门（班组）配网不停电作业班编号：K5606082109012

勘察负责人：王某某；　　勘察人员：李某某、马某某、黄某某

勘察的线路名称或设备的双重名称（多回应注明双重称号及方位）

某某变 10kV511 某某线 070 号杆

工作任务[工作地点（地段）和工作内容]

带电作业更换某某变 10kV511 某某线 070 号杆直线绝缘子及横担；

现场勘察内容：

1.工作地点需要停电的范围

无

2.保留的带电部位

某某变 10kV511 某某线 070 号杆三相 10kV 导线带电

3.作业现场的条件、环境及其他危险点[应注明：交叉、邻近（同杆塔、并行）电力线路：多电源、自发电情况：地下管网沟道及其他影响施工作业的设施情况]

作业现场条件：10KV 线路带电作业

作业现场环境：1、作业点路；2、作业点附件有电杆、树木、路灯，通讯线、通讯杆等障碍物。。

作业现场危险点：1、触电伤害；2、高空坠落；3、倒（断线）杆伤害；4、交通安全。

现场接线及设备情况：某某变 10kV511 某某线 070 号杆是高压耐张杆

现场需停用重合闸情况：某某变 10kV511 某某线 050 号杆柱上开关合闸压板退出运行。

作业现场复勘结果：风速：1m/s、湿度 40% 现场具备不停电作业条件。

应采取的安全措施（应注明：绝缘隔板、遮栏、围栏）。

1）在工作地段设置围栏、加强监护。

2）施工地段放置“前方施工，车辆慢行”标示牌，必要时派专人指挥交通。

3）上下传递工具、材料应使用绝缘绳索，工具、材料应绑扎牢靠。杆上电工应使用工具袋，防止落物伤人。

4）作业点附件有电杆、树木、路灯，通讯线、通讯杆等障碍物，保持足够的安全距离。

图 2–41　现场勘察记录

3）作业指导书（见图 2–42）。

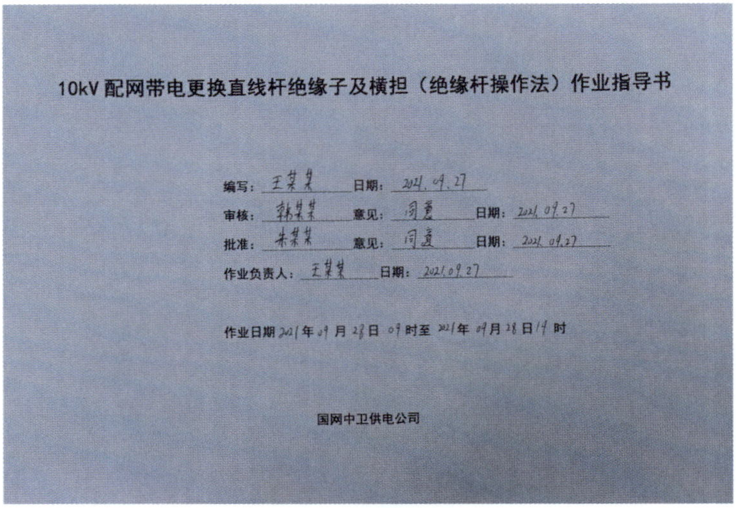

10kV 配网带电更换直线杆绝缘子及横担（绝缘杆操作法）作业指导书

编写：王某某　日期：2021.09.27

审核：韩某某　意见：同意　日期：2021.09.27

批准：朱某某　意见：同意　日期：2021.09.27

作业负责人：王某某　日期：2021.09.27

作业日期 2021 年 09 月 28 日 09 时至 2021 年 09 月 28 日 14 时

国网中卫供电公司

图 2–42　作业指导书

第三节　安全措施及注意事项

1. 气象条件

带电作业应在良好天气下进行，风力大于5级或湿度大于80%时，不宜带电作业。若遇雷电、雪、雹、雨、雾等不良天气，禁止带电作业。带电作业过程中若遇天气突然变化，有可能危及人身安全及设备安全时，应立即停止工作，撤离人员，恢复设备正常状况，或采取临时安全措施。

2. 作业环境

在车辆繁忙地段应与交通管理部门联系以取得配合。

3. 安全距离及有效绝缘长度

（1）作业中，承力工具有效绝缘长度不得小于0.4m，绝缘操作杆的有效绝缘长度不得小于0.7m。

（2）作业中，杆上电工应保持对带电体不小于 0.4m 的安全距离，如不能确保该安全距离时，应采用绝缘遮蔽措施，遮蔽用具之间的重叠部分不得小于150mm。

4. 作业关键点

（1）本项目一般无需停用线路重合闸。

（2）作业人员进行换相工作转移前，应得到监护人的许可。

（3）本作业步骤适应导线为水平排列时。若三角排列时可先更换两边相绝缘子及横担，再采用绝缘抱杆单独更换中间相绝缘子。

（4）在作业时，要注意带电导线与横担及邻相导线的安全距离。

（5）绝缘多功能抱杆组合安装可靠，导线转移应平缓、稳固。

5. 其他注意事项

（1）作业前应进行现场勘察。

（2）作业线路下层有低压线路同杆并架时，如妨碍作业，应对作业范围内的相关低压线路采取绝缘遮蔽措施。

（3）提升导线前及提升过程中，应检查两侧电杆上的导线绑扎线是否牢靠，如有松动、脱线现象，应重新绑扎加固后方可进行作业。

（4）在使用绑线操作杆时，动作幅度要平稳，防止导线跳动。

（5）在同杆架设线路上工作，与上层线路小于安全距离规定且无法采取安全措施时，不得进行该项工作。

（6）上、下传递工具、材料均应使用绝缘绳传递，严禁抛掷。

第三章　带电更换熔断器（绝缘杆作业法）

本内容围绕配电线路检修中开展的带电更换熔断器工作进行介绍，重点讲解绝缘杆作业法带电更换熔断器的作业原理、人员组合、工器具配备、作业流程（涵盖技术要领、安全措施和注意事项）等方面内容。

该作业项目的作业原理见图 3–1。

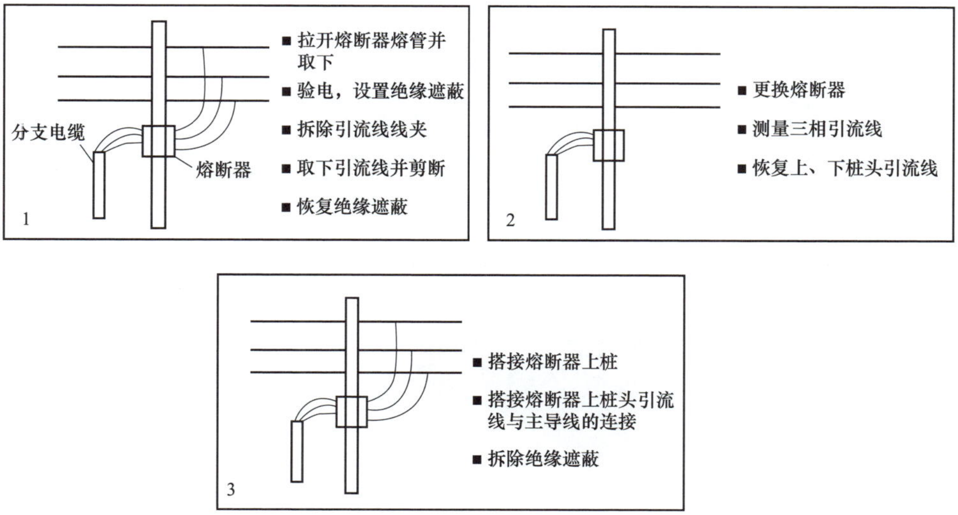

图 3–1　作业原理图

第一节 作 业 梗 概

1. 人员组合

本项目需 4 人，具体分工见表 3－1。

表 3-1　　人员具体分工

人员分工	人数（人）
工作负责人（兼工作监护人）	1
杆上电工	2
地面电工	1

2. 作业方法

绝缘杆作业法。

3. 主要工器具配备

主要工器具配备见表 3－2。

表 3-2　　主要工器具配备

序号	工器具名称		参考图	规格、型号	数量	备注
1	绝缘防护用具	绝缘手套	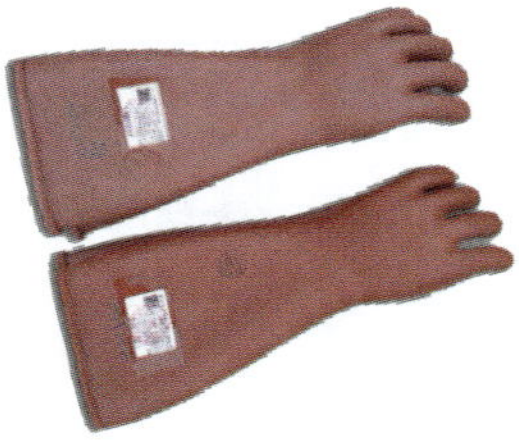	10kV	2 双	戴防护手套
2		绝缘安全帽		10kV	4 顶	

续表

序号	工器具名称		参考图	规格、型号	数量	备注
3	绝缘防护用具	绝缘安全带		10kV	2 副	
4	绝缘遮蔽用具	导线遮蔽罩		10kV	1 个	遮蔽熔断器后侧支持立瓶及高压引下线用
5		绝缘子遮蔽罩	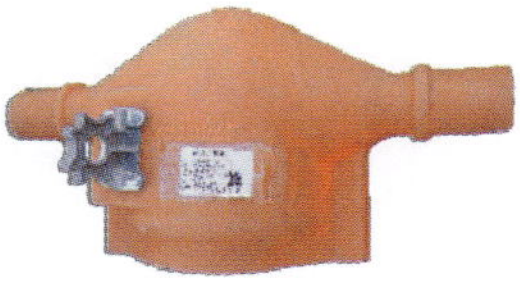	10kV	3 个	
6	绝缘工具	绝缘锁杆		10kV	1 副	可同时锁定 2 根导线
7		绝缘杆套筒扳手		10kV	1 副	
8		绝缘射枪杆		10kV	1 副	拉合熔断器用
9		绝缘夹钳		10kV	1 把	设置绝缘遮蔽罩、安装线夹用
10		绝缘传递绳		12mm	2 根	15m

续表

序号	工器具名称		参考图	规格、型号	数量	备注
11	其他	绝缘电阻测试仪	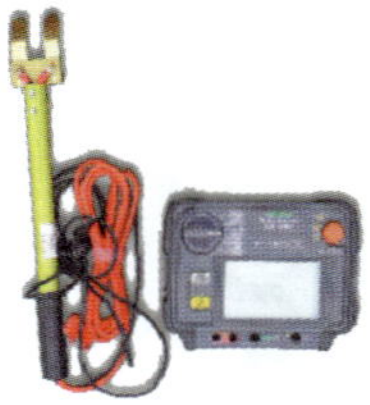	2500V 及以上	1 套	
12		验电器		10kV	1 套	

第二节　作　业　过　程

1. 作业前准备

（1）工具储运和检测。

1）领用绝缘工器具、安全用具及辅助器具，应核对工器具的使用电压等级和试验周期，并检查外观完好无损（见图 3-2）。

图 3-2　工器具检查

2）工器具运输在过程中，应存放在专用工具袋、工具箱或工具车内，以防受潮和损伤（见图 3–3）。

图 3–3　工器具专用工具袋

（2）现场操作前的准备。

1）工作负责人核对线路名称、杆号（见图 3–4）。

图 3–4　核对线路名称、杆号

2）工作负责人检查确认熔断器确已断开，熔管已取下，检查作业装置和现场环境符合带电作业条件（见图 3-5）。

图 3-5 熔断器已断开

3）工作负责人按配电带电作业工作票内容与值班调控人员联系，履行工作许可手续（见图 3-6）。

图 3-6 负责人联系值班调控人员

4）根据道路情况设置安全围栏、警告标志或路障（见图 3-7）。

图 3-7 设置安全围栏及警告标志

5）工作负责人召集工作人员开班前会交代工作任务，对工作班成员进行危险点告知，交代安全措施和技术措施，确认每一个工作班成员都已知晓，检查工作班成员精神状态是否良好，工作人员是否合适（见图 3-8）。

图 3-8 召开班前会

6）整理材料，对安全用具、绝缘工具进行检查，对绝缘工具应使用绝缘测试仪进行分段绝缘检测，绝缘电阻值不低于 700MΩ（见图 3-9）。

图 3-9　分段检测绝缘工具

7）检查新熔断器的机电性能是否良好（见图 3-10）。

图 3-10　检测新熔断器机电性能

8）杆上电工检查电杆根部、基础和拉线是否牢固（见图 3-11）。

图 3-11　检查电杆根部

2. 操作过程

（1）杆上电工登杆。

1）工作负责人对杆上作业人员穿戴进行检查（见图 3-12）。

图 3-12　检查穿戴

2）杆上作业人员应正确使用安全带，工作负责人对安全带挂接情况进行检查（见图 3-13）。

图 3－13　检查安全带挂接情况

3）地面电工配合将工器具转移至作业点。

a. 利用绝缘绳上下传递工具、材料，严禁抛掷（见图 3－14）。

b. 工器具应放置在专用的工具袋（箱）内（见图 3－15）。

c. 传递过程中注意避免工器具与电杆磕碰（见图 3－16）。

图 3－14　利用绝缘绳上下传递工具、材料

图 3－15　工器具放置在专用工具袋（箱）内

图 3－16　传递过程中避免工器具与电杆磕碰

（2）验电。

1）验电注意事项。

a. 通过验电器的自检按钮检查确认良好（见图 3－17）。

图 3－17　验电器确认良好

b. 条件允许的情况下，在带电体的裸露部分验电确认验电器良好。

c. 将伸缩式验电器全部拉出，确保有效绝缘长度不小于 0.7m（见图 3－18）。

图 3－18　有效绝缘长度不小于 0.7m

2）验电内容。杆上电工调整位置至带电导线横担下侧适当位置，使用验电器按照“先下后上，先近后远，先带电体后接地体（导线→绝缘子→横担）”的顺序对带电体及接地体进行验电，确认有无漏电现象（见图 3－19）。

图 3-19　验电

3）将验电结果向工作负责人进行汇报（见图 3-20），若有漏电现象则报告工作负责人，终止工作；若无漏电现象则报告工作负责人，正常开展工作。

图 3-20　汇报验电结果

（3）安装绝缘遮蔽。

1）杆上电工在地面电工的配合下，用绝缘操作杆按照“从近到远、从下到上、先带电体后接地体”的遮蔽原则，对不能满足安全距离的带电体和接地体进行绝缘遮蔽（见图 3-21）。

图 3-21　遮蔽完成

2）注意事项。

a. 绝缘遮蔽组合重叠距离不得小于 15cm（见图 3-22）。

图 3-22　重叠距离不小于 15cm

b. 设置导线遮蔽时，防止导线大幅度晃动引起相间短路（见图 3－23）。

图 3－23　导线大幅度晃动

c. 设置导线遮蔽时，注意人体与带电体、接地体的安全距离，防止发生人身触电（见图 3－24）。

图 3－24　注意安全距离

d. 作业中，绝缘操作杆的有效绝缘长度不应小于 0.7m（见图 3-25）。

图 3-25 有效绝缘长度不应小于 0.7m

e. 设置绝缘遮蔽时，杆上两名电工严禁同时作业。

f. 作业线路下层有低压线路同杆并架时，如妨碍作业，应对作业范围内的相关低压线路采用绝缘遮蔽措施。

（4）带电更换熔断器。

1）杆上电工使用绝缘锁杆夹紧待拆的上引线线夹，并拆除线夹（见图 3-26）。

图 3-26 拆除线夹

2）杆上电工使用线夹安装工具将线夹脱离主导线（见图 3－27）。

图 3－27　线夹脱离主导线

3）杆上电工使用绝缘锁杆将上引线缓缓放下，用绝缘断线剪在熔断器上接线柱处剪断上引线（若能采取有效固定措施，上引线可不做剪断处理）（见图 3－28）。

图 3－28　剪断上引线

4）其余两相引线按相同的方法进行拆除，三相引流线拆除的顺序按先两边相、再中间相的顺序进行。如上引线与主导线由于安装方式和锈蚀等原因不易拆除，可直接在主导线搭接位置处剪断（见图 3-29）。

图 3-29 断开三相引流线

5）更换熔断器，杆上电工拆除熔断器下桩头引流线及旧熔断器，安装新的熔断器及下端引流线，并进行机电检查（见图 3-30）。

图 3-30 更换熔断器

6）搭接熔断器引流线。

a. 杆上电工安装熔断器上桩头引流线夹（见图 3－31）。

图 3－31　安装桩头引流线夹

b. 杆上电工使用绝缘锁杆将线夹螺栓拧紧，使引线与导线可靠连接（见图 3－32），然后撤除绝缘锁杆。

图 3－32　搭接引流线夹

c. 其余两相熔断器上引流线按相同的方法进行连接，三相熔断器引流线连接可按先中间、后两侧的顺序进行。

（5）拆除绝缘遮蔽。杆上电工按照“从远到近、从上到下、先接地体后带电体”的原则依次拆除绝缘遮蔽（见图3－33），工作结束，杆上电工将绝缘工具吊至地面。

图3－33 拆除绝缘遮蔽

（6）施工质量检查。

1）工作负责人指挥杆上电工检查施工质量是否满足工艺要求。

2）工作负责人指挥杆上电工检查是否有遗留物。

3）工作负责人监护杆上电工返回地面。

3. 工作终结

（1）工作结束后工作负责人向停送电联系人汇报工作结束，并按照调控要求办理工作票终结手续（见图3－34），停送电联系人向配电网值班调控人员申请恢复线路重合闸。

图 3－34　办理工作票终结手续

（2）工作负责人组织作业人员清点工器具并清理工作现场，要求做到“工完、料尽、场地清”（见图 3－35）。

图 3－35　清理工作现场

4. 召开班后会

（1）工作负责人对施工质量、安全措施落实情况、作业流程进行现场点评

（见图 3–36）。

（2）工作负责人对作业人员的熟练程度、规范性进行点评。

图 3–36　现场点评

5. 工器具入库

作业结束后，作业人员需将工器具归还入库，并办理入库手续（见图 3–37）。

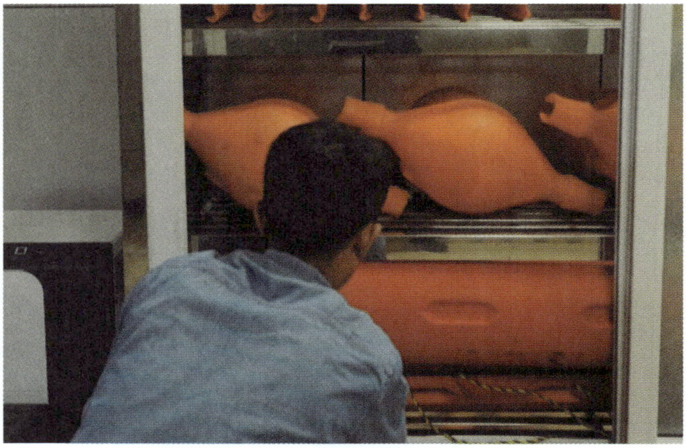

图 3–37　工器具入库

6. 资料整理

（1）工作负责人将工作票录入 PMS 系统（见图 3–38）。

图 3-38　工作票录入系统

（2）工作负责人将纸质资料进行归档保管，需归档资料如下：

1）工作票（见图 3-39）。

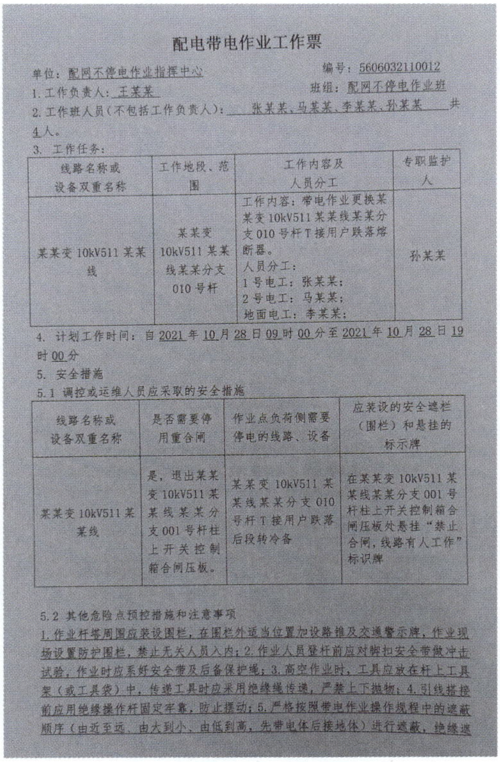

配电带电作业工作票

单位：配网不停电作业指挥中心　　编号：5606032110012

1. 工作负责人：王某某　　班组：配网不停电作业班

2. 工作班人员（不包括工作负责人）：张某某、马某某、李某某、孙某某　共 4 人。

3. 工作任务：

线路名称或设备双重名称	工作地段、范围	工作内容及人员分工	专职监护人
某某变 10kV511 某某线	某某变 10kV511 某某线某某分支 010 号杆	工作内容：带电作业更换某某变 10kV511 某某线某某分支 010 号杆 T 接用户跌落熔断器。 人员分工： 1 号电工：张某某； 2 号电工：马某某； 地面电工：李某某；	孙某某

4. 计划工作时间：自 2021 年 10 月 28 日 09 时 00 分至 2021 年 10 月 28 日 19 时 00 分

5. 安全措施

5.1 调控或运维人员应采取的安全措施

线路名称或设备双重名称	是否需要停用重合闸	作业点负荷侧需要停电的线路、设备	应装设的安全遮栏（围栏）和悬挂的标示牌
某某变 10kV511 某某线	是，退出某某变 10kV511 某某线某某分支 001 号杆柱上开关控制箱合闸压板。	某某变 10kV511 某某线某某分支 010 号杆 T 接用户跌落后段转冷备	在某某变 10kV511 某某线某某分支 001 号杆柱上开关控制箱合闸压板处悬挂“禁止合闸，线路有人工作”标识牌

5.2 其他危险点预控措施和注意事项

1. 作业杆塔周围应装设围栏，在围栏外适当位置加设路锥及交通警示牌，作业现场设置防护围栏，禁止无关人员入内；2. 作业人员登杆前应对脚扣安全带做冲击试验，作业时应系好安全带及后备保护绳；3. 高空作业时，工具应放在杆上工具架（或工具袋）中，传递工具时应采用绝缘绳传递，严禁上下抛物；4. 引线搭接前应用绝缘操作杆固定牢靠，防止摆动；5. 严格按照带电作业操作规程中的遮蔽顺序（由近至远、由大到小、由低到高，先带电体后接地体）进行遮蔽，绝缘遮

图 3-39　工作票

2）现场勘察记录（见图 3－40）。

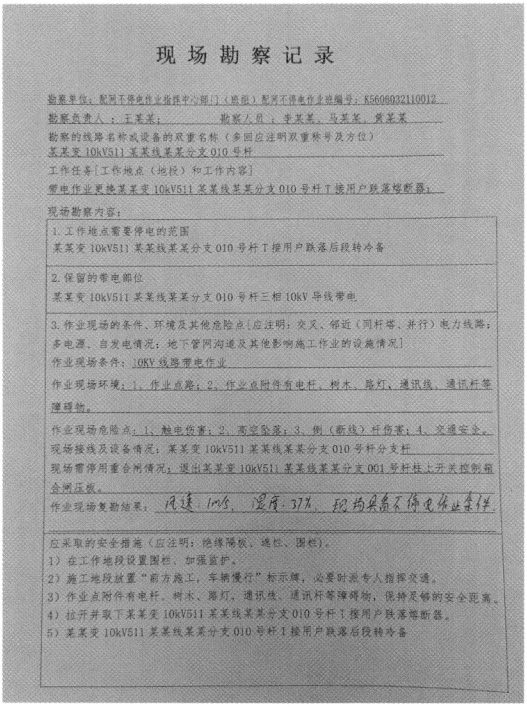

现场勘察记录

勘察单位：配网不停电作业指挥中心部门（班组）配网不停电作业班编号：K5606032110012

勘察负责人：王某某；　　勘察人员：李某某、马某某、黄某某

勘察的线路名称或设备的双重名称（多回应注明双重称号及方位）

某某变 10kV511 某某线某某分支 010 号杆

工作任务[工作地点（地段）和工作内容]

带电作业更换某某变 10kV511 某某线某某分支 010 号杆 T 接用户跌落熔断器；

现场勘察内容：

1. 工作地点需要停电的范围

某某变 10kV511 某某线某某分支 010 号杆 T 接用户跌落后段转冷备

2. 保留的带电部位

某某变 10kV511 某某线某某分支 010 号杆三相 10kV 导线带电

3. 作业现场的条件、环境及其他危险点[应注明：交叉、邻近（同杆塔、并行）电力线路；多电源、自发电情况；地下管网沟道及其他影响施工作业的设施情况]

作业现场条件：10KV 线路带电作业

作业现场环境：1、作业点路；2、作业点附件有电杆、树木、路灯、通讯线、通讯杆等障碍物。

作业现场危险点：1、触电伤害；2、高空坠落；3、倒（断线）杆伤害；4、交通安全。

现场接线及设备情况：某某变 10kV511 某某线某某分支 010 号杆分支杆

现场需停用重合闸情况：退出某某变 10kV511 某某线某某分支 001 号杆柱上开关控制箱合闸压板。

作业现场复勘结果：风速 1m/s，湿度 37%，现场具备不停电作业条件。

应采取的安全措施（应注明：绝缘隔板、遮栏、围栏）。

1）在工作地段设置围栏、加强监护。

2）施工地段放置“前方施工，车辆慢行”标示牌，必要时派专人指挥交通。

3）作业点附件有电杆、树木、路灯，通讯线、通讯杆等障碍物，保持足够的安全距离。

4）拉开并取下某某变 10kV511 某某线某某分支 010 号杆 T 接用户跌落熔断器。

5）某某变 10kV511 某某线某某分支 010 号杆 T 接用户跌落后段转冷备

图 3－40　现场勘察记录

3）作业指导书（见图 3－41）。

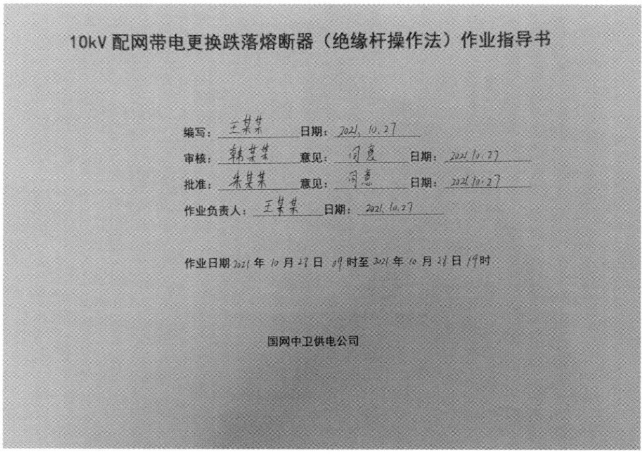

10kV 配网带电更换跌落熔断器（绝缘杆操作法）作业指导书

编写：王某某　日期：2021.10.27

审核：韩某某　意见：同意　日期：2021.10.27

批准：朱某某　意见：同意　日期：2021.10.27

作业负责人：王某某　日期：2021.10.27

作业日期 2021 年 10 月 27 日 09 时至 2021 年 10 月 28 日 19 时

国网中卫供电公司

图 3－41　作业指导书

第三节 安全措施及注意事项

1. 气象条件

带电作业应在良好天气下进行，风力大于 5 级或湿度大于 80%时，不宜带电作业。若遇雷电、雪、雹、雨、雾等不良天气，禁止带电作业。带电作业过程中若遇天气突然变化，有可能危及人身安全及设备安全时，应立即停止工作，撤离人员，恢复设备正常状况，或采取临时安全措施。

2. 作业环境

如在车辆繁忙地段应与交通管理部门联系以取得配合。

3. 安全距离及有效绝缘长度

（1）作业中，人体应保持对带电导体不小于 0.4m 的安全距离；如不能确保该安全距离时，应采用绝缘遮蔽措施，遮蔽用具之间的重叠部分不得小于150mm。

（2）作业中，绝缘操作杆的有效绝缘长度不应小于 0.7m。

4. 作业关键点

（1）本项目需停用线路重合闸。

（2）工作人员使用绝缘工具在接触带电导线前应得到工作监护人的许可。

（3）作业人员穿越母线前应验电、封挂地线。

（4）工作前应检查变压器已退出运行，熔断器熔管已取下，并符合拆除条件。

（5）断引流线应按先易后难的原则。

（6）所用断熔断器三相引线全部带电，要注意引线与横担及邻相导线的安全距离。

（7）安装绝缘遮蔽时应按照由近及远、由低到高依次进行，拆除时与此相反。

5. 其他注意事项

（1）杆上电工登杆作业应正确使用安全带。

（2）上杆登梯前检查好登杆工具及杆根是否安全可靠，高空移位时不得失去安全保护。

（3）作业线路上层有低压线路同杆并架时，如妨碍作业，应对作业范围内的相关低压线路采用绝缘遮蔽措施，遮蔽用具之间的重叠部分不得小于150mm。

（4）在同杆架设线路上工作，与上层线路小于安全距离规定且无法采取安全措施时，不得进行该项工作。

（5）上、下传递工具、材料均应使用绝缘绳传递，严禁抛掷。

第四章　带电更换耐张绝缘子串及横担

本章内容围绕配电线路检修中开展的带电更换耐张绝缘子串及横担工作进行介绍，重点讲解绝缘手套作业法带电更换耐张绝缘子串及横担（下落横担法）的作业流程（涵盖技术要领、安全措施和注意事项）、作业原理、人员组合以及工器具配备等问题。

该作业项目的作业原理见图 4－1。

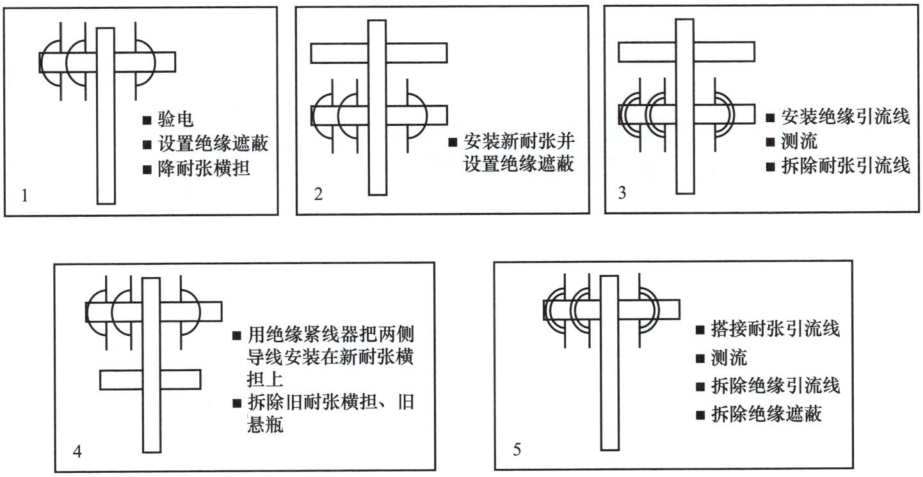

图 4－1　作业原理图

第一节　作　业　梗　概

1. 人员组合

本项目需 6 人，具体分工见表 4－1。

表 4-1　　人员具体分工

人员分工	人数（人）
工作负责人（兼工作监护人）	1
斗内电工	4
地面电工	1

2. 作业方法

绝缘手套作业法。

3. 主要工器具配备

主要工器具配备见表 4-2。

表 4-2　　主要工器具配备

<table>
<tr><th>序号</th><th colspan="2">工器具名称</th><th>参考图</th><th>规格、型号</th><th>数量</th><th>备注</th></tr>
<tr><td>1</td><td>特种车辆</td><td>绝缘斗臂车</td><td></td><td>10kV</td><td>2 辆</td><td></td></tr>
<tr><td>2</td><td rowspan="2">绝缘防护用具</td><td>绝缘手套</td><td>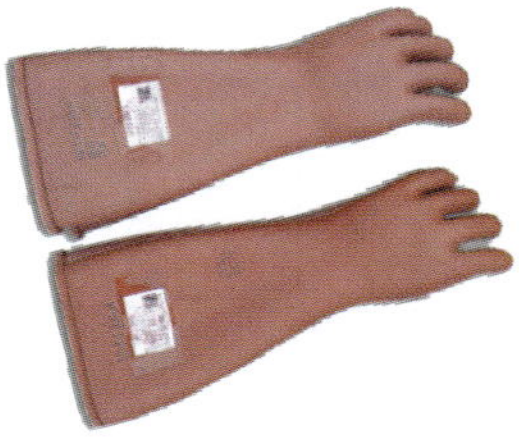</td><td>10kV</td><td>8 只</td><td>戴防护手套</td></tr>
<tr><td>3</td><td>绝缘安全帽</td><td></td><td>10kV</td><td>6 顶</td><td></td></tr>
</table>

续表

序号	工器具名称		参考图	规格、型号	数量	备注
4	绝缘防护用具	绝缘披肩		10kV	4 套	
5		绝缘安全带		10kV	4 副	
6	绝缘遮蔽用具	绝缘毯		10kV	若干	
7		导线遮蔽罩		10kV	12 根	
8	绝缘工具	绝缘传递绳		12mm	2 根	15m

续表

<table>
<tr><th>序号</th><th colspan="2">工器具名称</th><th>参考图</th><th>规格、型号</th><th>数量</th><th>备注</th></tr>
<tr><td>9</td><td rowspan="3">绝缘工具</td><td>绝缘紧线器</td><td></td><td>—</td><td>2 副</td><td>带卡头</td></tr>
<tr><td>10</td><td>后备保护绳</td><td></td><td>12mm</td><td>1 条</td><td>5m，两侧带卡头</td></tr>
<tr><td>11</td><td>绝缘引流线</td><td></td><td>4m</td><td>1 条</td><td>符合现场电流要求</td></tr>
<tr><td>12</td><td rowspan="2">其他</td><td>绝缘电阻测试仪</td><td></td><td>2500V 及以上</td><td>1 套</td><td></td></tr>
<tr><td>13</td><td>验电器</td><td></td><td>10kV</td><td>2 支</td><td></td></tr>
</table>

第二节　作　业　过　程

1. 作业前准备

（1）工具储运和检测。

1）领用绝缘工器具、安全用具及辅助器具，应核对工器具的电压等级和试验周期，并检查外观完好无损（见图4–2）。

图4–2　工器具存放图

2）工器具在运输过程中，应存放在专用工具袋、工具箱或工具车内，以防受潮和损伤（见图4–3）。

图4–3　工器具放专用工具箱

（2）现场作业前的准备。

1）工作负责人核对线路双重名称、杆号（见图 4–4）。

图 4–4　核对线路名称、杆号

2）工作负责人检查作业点两侧电杆基础及导线固定情况（见图 4–5），检查作业点电杆基础及电杆表面质量符合要求，检查作业装置和现场环境符合带电作业条件。

图 4–5　检查电杆根部

3）工作负责人按配电带电作业工作票内容与值班调控人员联系，申请停用线路重合闸（见图 4－6）。

图 4－6　负责人联系值班调控人员

4）检查绝缘斗臂车停放至合适位置，并接地可靠（见图 4－7）；根据道路情况设置安全围栏、警告标志或路障。

图 4－7　车辆接地

5）工作负责人召集工作人员开班前会交代工作任务，对工作班成员进行危险点告知，交代安全措施和技术措施，确认每一个工作班成员都已知晓，并签名确认。检查工作班成员是否合适，精神状态是否良好（见图4-8）。

图4-8 召开班前会

6）整理材料，对安全用具、绝缘工具进行检查，对绝缘工具应使用绝缘测试仪进行分段绝缘检测，绝缘电阻值不低于700MΩ（见图4-9）。擦拭绝缘臂、绝缘斗，绝缘斗臂车空斗试操作。

图4-9 分段检测工器具

7）检查新绝缘子的机电性能良好（见图 4－10）。

图 4－10　检查新绝缘子性能

2. 操作过程

（1）斗内电工进入绝缘斗内，并做准备。

1）工作负责人对斗内作业人员穿戴进行检查（见图 4－11）。

图 4－11　穿戴检查

2）工作负责人检查斗内作业人员安全带挂接牢固情况（见图 4–12）。

图 4–12　安全带挂接检查

3）地面电工配合将工器具转移至绝缘斗内，应做到以下几点：

a. 绝缘毯用绝缘夹加以固定（见图 4–13）。

b. 工器具应放置在专用的工具袋（箱）内（见图 4–14）。

c. 斗内作业人员严禁踩踏绝缘工器具（见图 4–15）。

图 4–13　用绝缘夹加以固定

图 4－14　放置专用工具袋

图 4－15　严禁踩踏绝缘工器具

（2）验电。

1）验电器使用要求。

a. 通过工频高压发生器确认验电器良好（见图 4－16）。

图 4－16　验电器确认良好

b. 在条件允许的情况下，在带电体的裸露部分验电确认验电器良好。

c. 将伸缩式验电器全部拉出，确保绝缘有效长度不小于 0.7m（见图 4－17）。

图 4－17　有效长度不小于 0.7m

2）验电内容。斗内电工调整绝缘斗至带电导线横担下侧适当位置，使用验电器按照“导线→绝缘子→横担”的顺序对带电体及接地体进行验电，确认有无漏电现象（见图 4－18）。

图 4-18　验电

3）将验电结果向工作负责人进行汇报。若有漏电现象则及时报告工作负责人，终止工作；若无漏电现象则报告工作负责人，正常开展工作（见图 4-19）。

图 4-19　汇报验电结果

（3）带电更换耐张绝缘子串及横担（下落横担法）。

1）两辆绝缘斗臂车斗内电工调整绝缘斗至近边相导线处，按照“从近到远、从下到上、先带电体后接地体”的遮蔽原则依次对耐张横担两侧近边相导线、耐张线夹、引流线、绝缘子串及横担设置绝缘遮蔽措施。其余两相绝缘遮蔽按照相同顺序进行，待更换横担下降后及新横担安装后，安装引流线前对电杆进行绝缘遮蔽。设置绝缘遮蔽应注意以下几点：

a. 设置导线遮蔽时，防止导线大幅度晃动引起相间短路（见图 4-20）；

图 4-20　导线大幅度晃动

b. 设置导线遮蔽时，注意人体与带电体、接地体安全距离，防止发生人身触电（见图 4-21）。

图 4-21　注意安全距离

c. 设置绝缘遮蔽时，斗内两名电工严禁同时作业（见图 4－22）。

图 4－22　禁止同时作业

2）两斗臂车的斗内电工密切配合，适当松开待更换耐张横担螺栓，耐张横担向下降低 0.4m 以下（见图 4－23）。

图 4－23　横担下降

3）在原横担处安装新的耐张横担，并安装牢靠且与旧耐横担上下平行，安装新绝缘子串。对新安装的横担和绝缘子串进行绝缘遮蔽（见图 4－24）。

图 4-24 安装新耐张横担

4）两斗臂车的斗内电工配合在近边相新耐张横担两侧安装绝缘绳套，各自将绝缘紧线器一端（勾头端）固定于绝缘绳套上，在紧线器外侧加装后备保护，两侧同时将导线收紧，防止耐张横担发生偏转，再收紧后备保护绳（见图 4-25）。

图 4-25 安装绝缘绳套

5）待耐张绝缘子串松弛后，两侧斗内电工脱开旧耐张线夹与绝缘子之间的碗头挂板，使绝缘子串脱离导线（见图 4-26）。

图 4－26　绝缘子串脱离导线

6）耐张横担两侧斗内电工相互配合，将耐张线夹安装到新的耐张绝缘子串上，并连接牢固。然后两侧同时放松绝缘紧线器，待耐张绝缘子串受力正常后拆除后备保护绳和绝缘紧线器。按相同方法进行另一边相导线的转移操作（见图 4－27）。

图 4－27　安装耐张线夹至新耐张绝缘子串

7）耐张横担两侧斗内电工在新的耐张横担中间相处安装绝缘绳套、绝缘紧线器及后备保护绳套（见图 4－28）。

图 4-28 安装绝缘紧线器

8）在耐张横担中间相两侧安装绝缘引流线短接中间相引流线。使用电流检测仪分别检测绝缘引流线分流正常后拆除耐张杆中间相导线引流线（见图 4-29）。

图 4-29 拆除耐张引流线

9）耐张横担两侧斗内电工相互配合，同时将两侧导线收紧，再收紧后备保护绳（见图 4-30）。

图 4－30　收紧导线及后备保护绳

10）待耐张绝缘子串松弛后，斗内电工脱开耐张线夹与待更换绝缘子串之间的碗头挂板，使旧绝缘子串脱离导线，将中间相耐张线夹安装到新的耐张绝缘子串上（见图 4－31）。

图 4－31　安装中间相耐张绝缘子串

11）耐张横担两侧斗内电工相互配合放松绝缘紧线器，待耐张绝缘子串受力正常后拆除后备保护绳和绝缘紧线器（见图 4－32）。

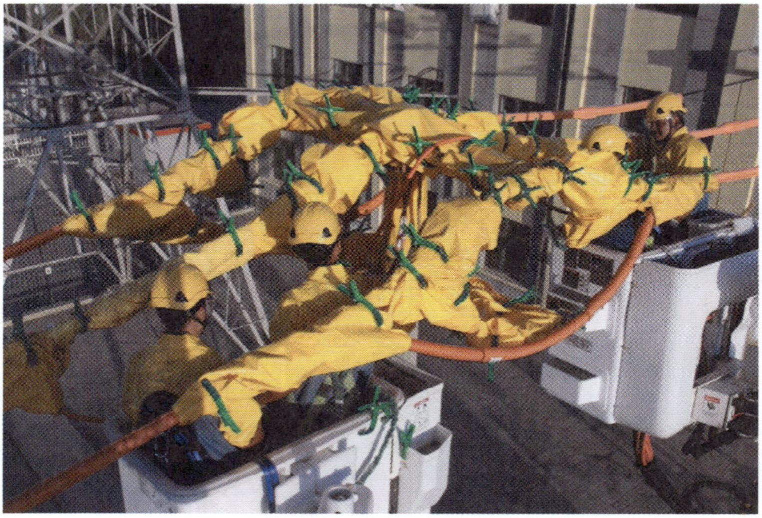

图 4-32 拆除绝缘紧线器及后备保护绳

12）搭接耐张引流线，并连接牢固。使用电流检测仪确认引流线载流正常后，拆除绝缘分流线（见图 4-33）。

图 4-33 搭接耐张引流线

13）拆除旧横担遮蔽及横担（见图 4-34）。

图 4－34　拆除旧横担

（4）拆除新横担绝缘遮蔽。按照“从远到近、从上到下、先接地体后带电体”的原则依次拆除绝缘遮蔽（见图 4－35），绝缘斗退出带电区域，作业人员返回地面。

图 4－35　拆除绝缘遮蔽

（5）施工质量检查。

1）工作负责人指挥斗内电工检查施工质量是否满足要求。

2）工作负责人指挥斗内电工检查是否有遗留物。

3. 工作终结

（1）工作结束后工作负责人向停送电联系人汇报工作结束，并办理工作票终结手续（见图 4–36），停送电联系人向配电网值班调控人员申请恢复线路重合闸。

图 4–36 办理工作票终结手续

（2）工作负责人组织作业人员清点工器具并清理施工现场，要求做到“工完、料尽、场地清”（见图 4–37）。

图 4–37 清理施工现场

4. 召开班后会

（1）工作负责人对施工质量、安全措施落实情况、作业流程进行现场点评（见图 4－38）。

（2）工作负责人对作业人员的熟练程度、规范性进行点评。

图 4－38 现场点评

5. 工器具入库

作业结束后，作业人员需将工器具归还入库，并办理入库手续（见图 4－39）。

图 4－39 工器具入库

6. 资料整理

（1）工作负责人将工作票录入 PMS 系统（见图 4-40）。

图 4-40　工作票录入

（2）工作负责人将纸质资料进行归档保管，需归档资料如下：

1）工作票（见图 4-41）。

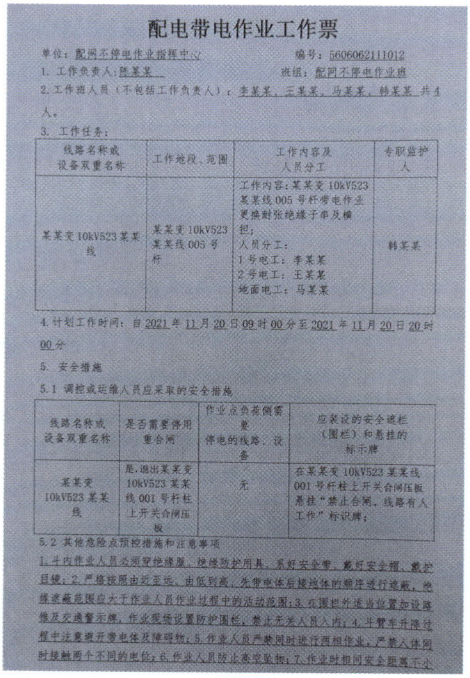

配电带电作业工作票

单位：配网不停电作业指挥中心　　编号：5606062111012

1. 工作负责人：陈某某　　班组：配网不停电作业班

2. 工作班人员（不包括工作负责人）：李某某、王某某、马某某、韩某某 共 4 人。

3. 工作任务：

线路名称或设备双重名称	工作地段、范围	工作内容及人员分工	专职监护人
某某变 10kV523 某某线	某某变 10kV523 某某线 005 号杆	工作内容：某某变 10kV523 某某线 005 号杆带电作业更换耐张绝缘子串及横担； 人员分工： 1 号电工：李某某 2 号电工：王某某 地面电工：马某某	韩某某

4. 计划工作时间：自 2021 年 11 月 20 日 09 时 00 分至 2021 年 11 月 20 日 20 时 00 分

5. 安全措施

5.1 调控或运维人员应采取的安全措施

线路名称或设备双重名称	是否需要停用重合闸	作业点负荷侧需要停电的线路、设备	应装设的安全遮栏（围栏）和悬挂的标示牌
某某变 10kV523 某某线	是，退出某某变 10kV523 某某线 001 号杆柱上开关合闸压板	无	在某某变 10kV523 某某线 001 号杆柱上开关合闸压板悬挂“禁止合闸，线路有人工作”标识牌；

5.2 其他危险点预控措施和注意事项

1. 斗内作业人员必须穿绝缘服、绝缘防护用具，系好安全带，戴好安全帽，戴护目镜；2. 严格按照由近至远、由低到高、先带电体后接地体的顺序进行遮蔽，绝缘遮蔽范围应大于作业人员作业过程中的活动范围；3. 在围栏外适当位置加设路锥及交通警示牌，作业现场设置防护围栏，禁止无关人员入内；4. 斗臂车升降过程中注意避开带电体及障碍物；5. 作业人员严禁同时进行两相作业，严禁人体同时接触两个不同的电位；6. 作业人员防止高空坠物；7. 作业时相间安全距离不小

图 4-41　工作票

2）现场勘察记录（见图 4－42）。

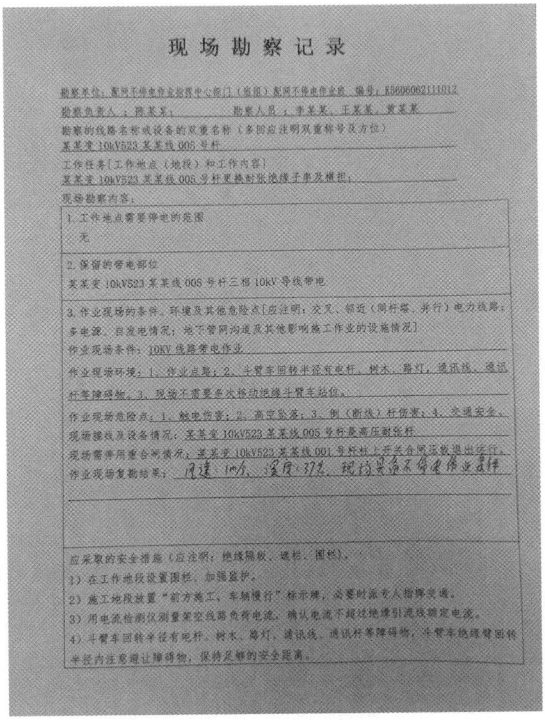

现场勘察记录

勘察单位：配网不停电作业指挥中心部门（班组）配网不停电作业班　编号：K5606062111012

勘察负责人：陈某某；　　勘察人员：李某某、王某某、黄某某

勘察的线路名称或设备的双重名称（多回应注明双重称号及方位）

某某变 10kV523 某某线 005 号杆

工作任务[工作地点（地段）和工作内容]

某某变 10kV523 某某线 005 号杆更换耐张绝缘子串及横担；

现场勘察内容：

1. 工作地点需要停电的范围

无

2. 保留的带电部位

某某变 10kV523 某某线 005 号杆三相 10kV 导线带电

3. 作业现场的条件、环境及其他危险点[应注明：交叉、邻近（同杆塔、并行）电力线路；多电源、自发电情况；地下管网沟道及其他影响施工作业的设施情况]

作业现场条件：10KV 线路带电作业

作业现场环境：1、作业点路；2、斗臂车回转半径有电杆、树木、路灯，通讯线、通讯杆等障碍物。3、现场不需要多次移动绝缘斗臂车站位。

作业现场危险点：1、触电伤害；2、高空坠落；3、倒（断线）杆伤害；4、交通安全。

现场接线及设备情况：某某变 10kV523 某某线 005 号杆是高压耐张杆

现场需停用重合闸情况：某某变 10kV523 某某线 001 号杆柱上开关合闸压板退出运行。

作业现场复勘结果：风速：1m/s，湿度：37%，现场具备不停电作业条件

应采取的安全措施（应注明：绝缘隔板、遮栏、围栏）。

1）在工作地段设置围栏、加强监护。

2）施工地段放置“前方施工，车辆慢行”标示牌，必要时派专人指挥交通。

3）用电流检测仪测量架空线路负荷电流，确认电流不超过绝缘引流线额定电流。

4）斗臂车回转半径有电杆、树木、路灯，通讯线、通讯杆等障碍物，斗臂车绝缘臂回转半径内注意避让障碍物，保持足够的安全距离。

图 4－42　现场勘察记录

3）作业指导书（见图 4－43）。

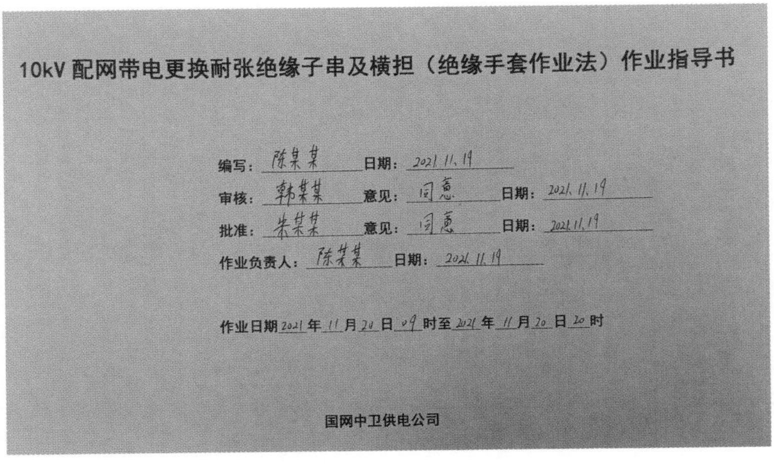

10kV 配网带电更换耐张绝缘子串及横担（绝缘手套作业法）作业指导书

编写：陈某某　日期：2021.11.19

审核：韩某某　意见：同意　日期：2021.11.19

批准：朱某某　意见：同意　日期：2021.11.19

作业负责人：陈某某　日期：2021.11.19

作业日期 2021 年 11 月 20 日 09 时至 2021 年 11 月 20 日 20 时

国网中卫供电公司

图 4－43　作业指导书

第三节　安全措施及注意事项

1. 气象条件

带电作业应在良好天气下进行，风力大于5级或湿度大于80%时，不宜带电作业。若遇雷电、雪、雹、雨、雾等不良天气，禁止带电作业。带电作业过程中若遇天气突然变化，有可能危及人身安全及设备安全时，应立即停止工作，撤离人员，恢复设备正常状况，或采取临时安全措施。

2. 作业环境

在车辆繁忙地段应与交通管理部门联系以取得配合。

3. 安全距离及有效绝缘长度

（1）作业中，绝缘斗臂车绝缘臂的有效绝缘长度不应小于1.0m，绝缘拉杆、绝缘连板和后备保护的有效绝缘长度不应小于0.4m。

（2）作业中，人体应保持对地距离不小于0.4m，对邻相导线不小于0.6m的安全距离，如不能确保该安全距离时，应采用绝缘遮蔽措施，遮蔽用具之间的重叠部分不得小于150mm。

4. 作业关键点

（1）本项目需停用线路重合闸。

（2）作业人员在接触带电导线、进行换相工作转移前，应得到监护人的许可。

（3）如验电发现横担有电，禁止作业。

（4）作业时，严禁人体同时接触两个不同的电位体；绝缘斗内两人工作时禁止两人接触不同的电位体。

（5）应有防止导线脱落的后备保护措施，应密切关注绝缘连板的受力情况。

（6）两绝缘斗臂车斗内电工紧线、松线应同步进行，防止横担扭转。

（7）转移导线应平稳。

（8）防护手套不作为绝缘防护用具，在操作过程中不应短接绝缘子泄漏距离。

5. 其他注意事项

（1）作业前应进行现场勘察。

（2）当斗臂车绝缘斗距带电线路 1.0～2m 或工作转移时，应缓慢移动，动作要平稳，严禁使用快速挡；绝缘斗臂车在作业时，发动机不能熄火（电能驱动型除外），以保证液压系统处于工作状态。

（3）作业线路下层有低压线路同杆并架时，如妨碍作业，应对作业范围内的相关低压线路采取绝缘遮蔽措施。

（4）在同杆架设线路上工作，与上层线路小于安全距离规定且无法采取安全措施时，不得进行该项工作。

（5）上、下传递工具、材料均应使用绝缘传递绳绑扎，严禁抛掷。

（6）作业过程中禁止摘下绝缘防护用具。

第五章 带电更换直线电杆

本内容围绕配电线路检修中开展的带电更换直线电杆工作进行介绍，重点讲解绝缘手套作业法带电更换直线电杆的作业流程（涵盖技术要领、安全措施和注意事项）、作业原理、人员组合以及工器具配备等问题。

该作业项目的作业原理见图 5－1。

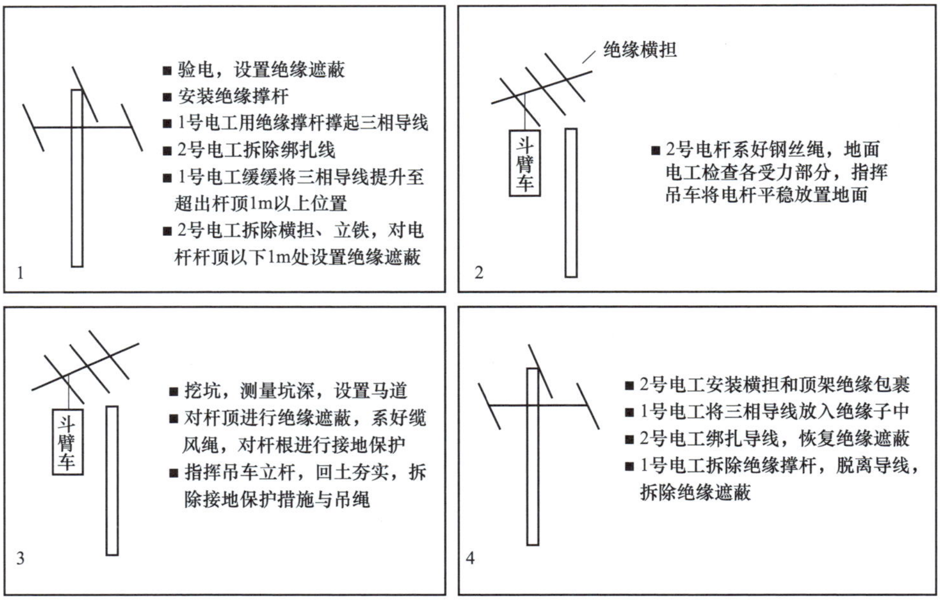

图 5－1 作业原理图

第一节　作　业　梗　概

1. 人员组合

本项目需 10 人，具体分工见表 5－1。

表 5－1　　人员具体分工

人员分工	人数（人）
工作负责人（兼工作监护人）	1
专责监护人	1
吊车指挥	1
A 车（1 号、2 号电工）、B 车（3 号、4 号电工）斗内电工	4
地面电工	2
吊车操作人员	1

2. 作业方法

绝缘手套作业法。

3. 主要工器具配备

主要工器具配备见表 5－2。

表 5－2　　主要工器具配备

序号	工器具名称		参考图	规格、型号	数量	备注
1	特种车辆	绝缘斗臂车		10kV	2 辆	带绝缘横担组合

续表

序号	工器具名称		参考图	规格、型号	数量	备注
2	特种车辆	吊车		8t	1 辆	
3	绝缘防护用具	绝缘手套	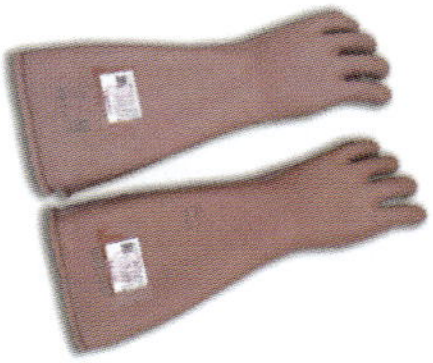	10kV	4 双	戴防护手套，包括地面电工用
4		绝缘安全帽		10kV	5 顶	
5		绝缘披肩		10kV	2 套	
6		绝缘靴		10kV	3 双	地面电工用
7		绝缘安全带		10kV	3 副	登杆应选用双重保护绝缘安全带

续表

序号	工器具名称		参考图	规格、型号	数量	备注
8	绝缘遮蔽用具	导线遮蔽罩		10kV	若干	
9		电杆遮蔽罩		10kV	若干	
10		绝缘毯		10kV	若干	毯夹若干
11		绝缘操作杆	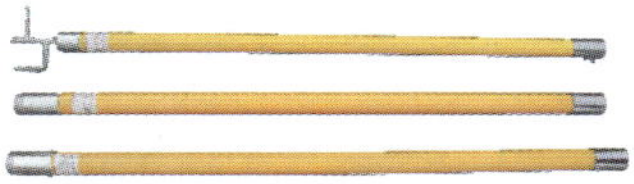	10kV	1 根	
12		绝缘测量杆		10kV	1 根	
13		绝缘传递绳		12mm	2 根	15m，两辆车用
14		绝缘绳套	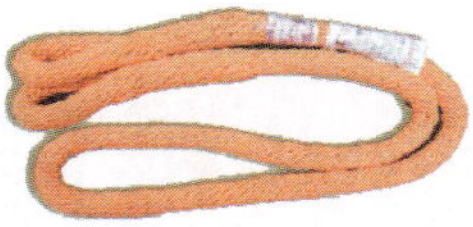	16mm	3 根	1.0m
15		绝缘横担	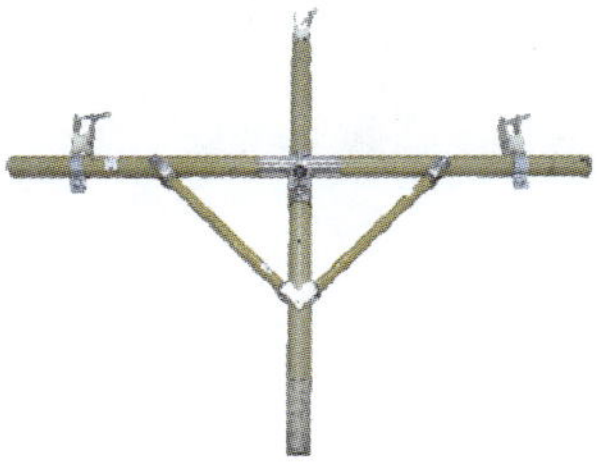	10kV	1 套	绝缘斗臂车用
16		短铲		—	2 把	

续表

序号	工器具名称		参考图	规格、型号	数量	备注
17	绝缘遮蔽用具	绝缘电阻测试仪	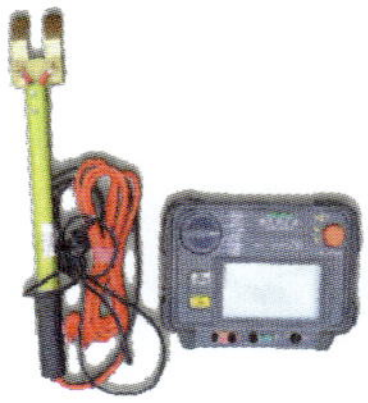	2500V及以上	1套	
18		验电器		10kV	1套	

第二节　作　业　过　程

1. 作业前准备

（1）工具储运和检测。

1）领用绝缘工器具、安全用具及辅助器具，应核对工器具的使用电压等级和试验周期，并检查外观完好无损（见图5-2）。

图5-2　工器具存放图

2）工器具运输在过程中，应存放在专用工具袋、工具箱或工具车内，以防受潮和损伤（见图5-3）。

图 5-3 工器具放专用工具箱

（2）现场操作前的准备。

1）工作负责人核对线路名称、杆号（见图 5-4）。

图 5-4 核对线路名称、杆号

2）工作前工作负责人检查确认作业点两侧的电杆根部、基础是否牢固、导线固定是否牢固（见图 5-5）；检查电杆质量、坑洞、马道（长度为 1.5m、坡度为 45°，宽度为 50cm）符合要求，检查作业装置和现场环境符合带电作业条件。

图 5-5　检查电杆根部

3）工作负责人按配电带电作业工作票内容与值班调控人员联系，履行工作许可手续（见图 5-6）。

图 5-6　负责人联系值班调控人员

4）检查绝缘斗臂车、吊车进入合适位置，并可靠接地（见图 5-7）；根据道路情况设置安全围栏、警告标志或路障。

图 5-7　车辆接地

5）工作负责人召集工作人员开班前会交待工作任务，对工作班成员进行危险点告知，交代安全措施和技术措施，确认每一个工作班成员都已知晓，并签名确认，检查工作班成员精神状态是否良好（见图 5-8）。

图 5-8　召开班前会

6）整理材料，对安全用具、绝缘工具进行检查，对绝缘工具应使用绝缘电阻测试仪进行分段绝缘检测，绝缘电阻值不低于 700MΩ（见图 5-9）。擦拭绝缘臂、绝缘斗，绝缘斗臂车空斗试操作。

图 5-9　分段检测工器具

2. 操作过程

（1）斗内电工进入绝缘斗内，并做准备。

1）工作负责人对斗内作业人员穿戴进行检查（见图 5-10）。

图 5-10　穿戴检查

2）工作负责人对斗内作业人员安全带挂接情况进行检查（见图 5－11）。

图 5－11　安全带挂接检查

3）地面电工配合将工器具转移至绝缘斗内，应注意以下几点：

a. 绝缘毯用绝缘夹加以固定（见图 5－12）。

b. 工器具应放置在专用的工具袋（箱）内（见图 5－13）。

c. 斗内作业人员严禁踩踏绝缘工器具（见图 5－14）。

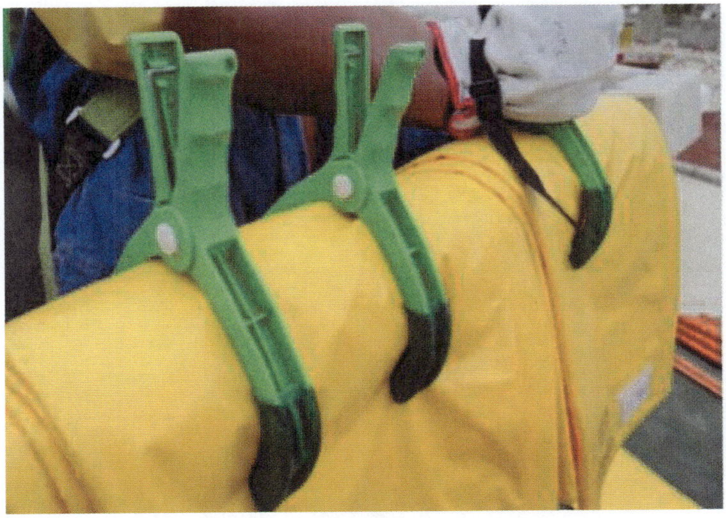

图 5－12　用绝缘夹加以固定

图 5-13 放置专用工具袋

图 5-14 严禁踩踏绝缘工器具

（2）验电。

1）验电注意事项。

a. 通过工频高压发生器确认验电器良好（见图 5-15）。

图 5－15　验电器确认良好

b. 条件允许的情况下，在带电体的裸露部分验电确认验电器良好。

c. 将伸缩式验电器全部拉出，确保绝缘有效长度不小于 0.7m（见图 5－16）。

图 5－16　有效长度不小于 0.7m

2）验电内容。斗内电工调整至带电导线横担下侧适当位置，使用验电器按照“导线→绝缘子→横担”的顺序对带电体及接地体进行验电，确认有无漏电现象（见图 5－17）。

图 5-17　验电

3）将验电结果向工作负责人进行汇报。若有漏电现象则及时报告工作负责人，终止工作；若无漏电现象则报告工作负责人，正常开展工作（见图 5-18）。

图 5-18　汇报验电结果

（3）带电更换直线电杆。

1）A 车电工将绝缘斗调整到合适位置，按照“从近到远、从下到上、先带电体后接地体”的遮蔽原则对作业范围内的所有带电体和接地体进行绝缘遮蔽。设置绝缘遮蔽应注意以下几点：

a. 设置导线遮蔽时，防止导线大幅度晃动引起相间短路（见图 5－19）。

图 5－19　导线大幅度晃动

b. 设置导线遮蔽时，注意人体与带电体、接地体安全距离，防止发生人身触电（见图 5－20）。

图 5－20　注意安全距离

c. 设置绝缘遮蔽时，斗内两名电工严禁同时作业（见图 5－21）。

图 5－21 禁止同时作业

2）B 车电工在地面电工协助下在吊臂上组装绝缘横担（见图 5－22）。

图 5－22 协助组装绝缘横担

3）B 车电工调整吊臂至合适位置，使三相导线分别置于绝缘横担上的滑轮内（见图 5－23），使用绝缘操作杆扣好绝缘横担滑轮防脱保险环。

图 5-23　三相导线置于滑轮内

4）B 车电工将绝缘横担缓缓上升，略微受力后，再次检查确认绝缘横担已扣好滑轮防脱保险环，A 车电工拆除三相导线绑扎线（拆除过程中绑扎线尾线长度不大于 0.1m）（见图 5-24）。

图 5-24　拆除横担及顶架

5）B 车电工调整小吊臂，缓缓将三相导线提升至超出杆顶 1m 以上的位置（保证导线起吊后距离电杆不小于 0.4m）（见图 5-25），A 车电工拆除三相绝缘子、横担及顶架。

图 5-25　提升三相导线

6）A 车电工使用电杆遮蔽罩对杆梢以下进行绝缘遮蔽（见图 5-26），遮蔽时应根据带电导线与杆身的水平距离而定，若带电导线所处水平位置低于杆梢，则杆身遮蔽长度应为杆梢至带电导线的距离加上大于 1m 的遮蔽长度；若带电导线所处水平位置高于杆梢，则杆身遮蔽长度应大于 1m。系好电杆起吊绳（吊点在电杆地上部分 1/2 处）。应注意：同杆架设线路吊钩穿越低压线时应做好吊车的接地工作；低压导线应加装导线遮蔽罩并用绝缘绳向两侧拉开，增加电杆下降的通道宽度；并在电杆低于低压导线的位置增加两道缆风绳。

图 5-26　设置绝缘遮蔽

7）吊车缓缓起吊电杆，在起吊绳完全受力时暂停起吊，进行下列工作：

a. 检查吊车支腿及其他受力部位的情况正常（见图5－27）。

图5－27　受力部位情况正常

b. 地面电工在电杆低于低压导线的位置系好缆风绳（绝缘绳），以控制杆根方向（见图5－28）。

图5－28　根系处系好缆风绳（绝缘绳）

8）C地面电工挖开杆根基础，做好马道，便于吊车立撤电杆。

9）吊车指挥人员指挥吊车起吊电杆并将电杆平稳下放至地面（见图 5－29）（同杆架设线路应顺线路方向下降电杆），拆除杆梢的绝缘遮蔽。

图 5－29 起吊电杆并平稳放至地面

10）工作负责人观察杆坑至带电导线的净空距离是否满足作业安全距离，若不满足电杆起吊的安全需要，B 车电工应及时调整绝缘横担撑起带电导线的高度，同时派人观察相邻两侧电杆横担导线绑扎线应无松动现象（见图 5－30）。

图 5－30 确定两侧相邻电杆绑扎线无松动

11）地面电工将马道配套工具放置在坑洞内。地面电工系好起吊绳（吊点在电杆重心上方 1.5m 处）。起吊电杆，在稍离地面后暂停起吊，进行下列工作：

a. 检查吊车支腿及其他受力部位的情况正常（见图 5－31）。

图 5－31　受力部位情况正常

b. 设置电杆杆梢的绝缘遮蔽措施（见图 5－32），应根据带电导线与杆身的水平距离而定，若带电导线所处水平位置低于杆梢，则杆身遮蔽长度应为杆梢至带电导线的距离加上大于 1m 的遮蔽长度；若带电导线所处水平位置高于杆梢，则杆身遮蔽长度应大于 1m。现场应用时可参考已拆除电杆的遮蔽范围。

图 5－32　设置绝缘遮蔽措施

c. 在杆根 3m 线以上设置电杆的接地保护措施（见图 5－33）。

图 5－33 设置接地保护措施

d. 地面电工在杆身适当位置（吊点下方 0.2m 处）系好两侧缆风绳（绝缘绳）以控制电杆两侧方向（见图 5－34）。牵引缆风绳的地面电工应穿绝缘靴、戴绝缘手套。

图 5－34 系好两侧缆风绳

12）吊车缓缓起吊，在起吊过程中应随时注意电杆根部是否顶住滑板向下滑动；特别是在电杆起立到 60° 左右时（吊臂最上方距带电线路不应少于

3.0m），杆根应顺马道滑至坑底，且杆根不应离地。工作负责人应密切注意杆梢与带电线路的净空距离（最小不少于0.7m），如有疑问时，应立即停止起吊，用绝缘测量杆测量距离，待确认无问题后，才能继续起吊电杆；在电杆起立过程中，吊车指挥应站在杆坑边电杆上风侧，配合工作负责人注意控制电杆两侧方向的平衡情况和杆根的入坑情况（见图5-35）。（此更换电杆作业过程全程在导线下方完成）

图5-35　电杆两侧方向及杆根入坑情况

13）电杆起立，校正后回土夯实，拆除杆根接地保护措施（见图5-36）。

图5-36　拆除杆根接地保护措施

14）A 车电工拆除部分电杆遮蔽，安装顶架、横担及绝缘子（见图 5－37），并对顶架、横担、绝缘子及电杆进行绝缘遮蔽（见图 5－38）。

图 5－37 安装横担、绝缘子

图 5－38 装设绝缘遮蔽

15）B 车电工将绝缘横担缓缓下降，由 A 车电工将中相导线用绑扎线固定在绝缘子上，继续下降绝缘横担，并按相同方法分别固定两边相导线；三相导线的固定（见图 5－39），可按先中间相、后两边相的顺序用绑扎线分别固定在绝缘子上。

图 5－39 固定三相导线

16）B 车电工将绝缘横担上的滑轮防脱保险环打开，使绝缘横担缓缓脱离导线（见图 5－40）。

图 5-40　绝缘横担脱离导线

17）斗内电工及地面电工分别拆除起吊绳和两侧缆风绳，并返回地面，吊车撤离工作区域。

（4）拆除绝缘遮蔽。按照“从远到近、从上到下、先接地体后带电体”的原则依次拆除绝缘遮蔽（见图 5-41），绝缘斗退出有电区域，作业人员返回地面。

图 5-41　拆除绝缘遮蔽

（5）施工质量检查。

1）工作负责人指挥斗内电工检查施工质量是否满足要求。

2）工作负责人指挥斗内电工检查是否有遗留物。

3. 工作终结

工作结束后，工作负责人需按照当地调控要求办理工作票终结手续。

（1）工作结束后工作负责人向停送电联系人汇报工作结束，并办理工作票终结手续（见图 5-42），停送电联系人向配电网值班调控人员申请恢复线路重合闸。

图 5-42　办理工作票终结手续

（2）工作负责人组织作业人员清点工器具并清理施工现场，要求做到“工完、料尽、场地清”（见图 5-43）。

图 5-43　清理施工现场

4. 召开班后会

（1）工作负责人对施工质量、安全措施落实情况、作业流程进行现场点评（见图 5－44）。

（2）工作负责人对作业人员的熟练程度、规范性进行点评。

图 5－44　现场点评

5. 工器具入库

作业结束后，作业人员需将工器具归还入库，并办理入库手续（见图 5－45）。

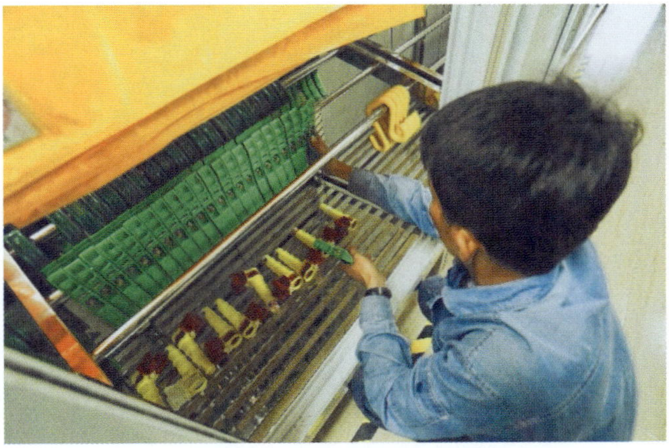

图 5－45　工器具入库

6. 资料整理

（1）工作负责人将工作票录入 PMS 系统（见图 5－46）。

图 5－46　工作票录入

（2）工作负责人将纸质资料进行归档保管，需归档资料如下：

1）工作票（见图 5－47）。

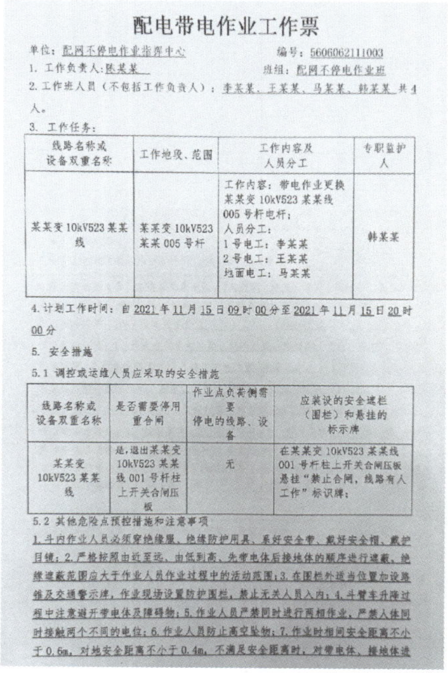

配电带电作业工作票

单位：配网不停电作业指挥中心　　编号：5606062111003

1. 工作负责人：陈某某　　班组：配网不停电作业班

2. 工作班人员（不包括工作负责人）：李某某、王某某、马某某、韩某某 共 4 人。

3. 工作任务：

线路名称或设备双重名称	工作地段、范围	工作内容及人员分工	专职监护人
某某变 10kV523 某某线	某某变 10kV523 某某 005 号杆	工作内容：带电作业更换某某变 10kV523 某某线 005 号杆电杆； 人员分工： 1 号电工：李某某 2 号电工：王某某 地面电工：马某某	韩某某

4. 计划工作时间：自 2021 年 11 月 15 日 09 时 00 分至 2021 年 11 月 15 日 20 时 00 分

5. 安全措施

5.1 调控或运维人员应采取的安全措施

线路名称或设备双重名称	是否需要停用重合闸	作业点负荷侧需要停电的线路、设备	应装设的安全遮栏（围栏）和悬挂的标示牌
某某变 10kV523 某某线	是，退出某某变 10kV523 某某线 001 号杆柱上开关合闸压板	无	在某某变 10kV523 某某线 001 号杆柱上开关合闸压板悬挂“禁止合闸，线路有人工作”标识牌；

5.2 其他危险点预控措施和注意事项

1. 斗内作业人员必须穿绝缘服、绝缘防护用具、系好安全带、戴好安全帽、戴护目镜；2. 严格按照由近至远、由低到高、先带电体后接地体的顺序进行遮蔽，绝缘遮蔽范围应大于作业人员作业过程中的活动范围；3. 在围栏外适当位置加设路锥及交通警示牌，作业现场设置防护围栏，禁止无关人员入内；4. 斗臂车升降过程中注意避开带电体及障碍物；5. 作业人员严禁同时进行两相作业，严禁人体同时接触两个不同的电位；6. 作业人员防止高空坠物；7. 作业时相间安全距离不小于 0.6m，对地安全距离不小于 0.4m，不满足安全距离时，对带电体、接地体进

图 5－47　工作票

2）现场勘察记录（见图 5－48）。

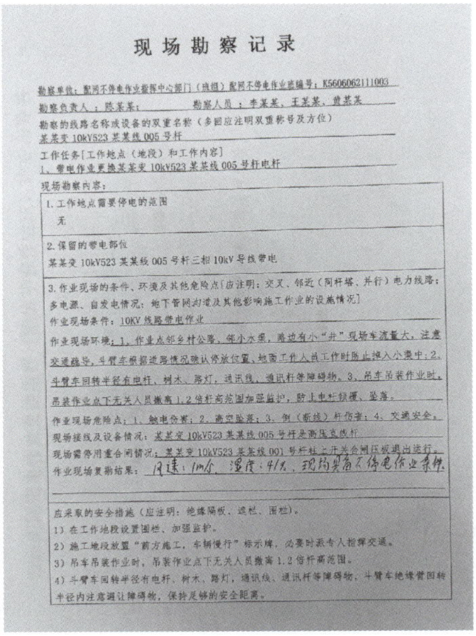

现场勘察记录

勘察单位：配网不停电作业指挥中心部门（班组）配网不停电作业班编号：K5606062111003

勘察负责人：陈某某；　　勘察人员：李某某、王某某、曾某某

勘察的线路名称或设备的双重名称（多回应注明双重称号及方位）

某某变 10kV523 某某线 005 号杆

工作任务[工作地点（地段）和工作内容]

1、带电作业更换某某变 10kV523 某某线 005 号杆电杆

现场勘察内容：

1. 工作地点需要停电的范围

无

2. 保留的带电部位

某某变 10kV523 某某线 005 号杆三相 10kV 导线带电

3. 作业现场的条件、环境及其他危险点[应注明：交叉、邻近（同杆塔、并行）电力线路；多电源、自发电情况；地下管网沟道及其他影响施工作业的设施情况]

作业现场条件：10KV 线路带电作业

作业现场环境：1、作业点邻乡村公路，邻小水渠，路边有小“井”现场车流量大，注意交通疏导，斗臂车根据道路情况确认停放位置，地面工作人员工作时防止掉入小渠中；2、斗臂车回转半径有电杆、树木、路灯，通讯线、通讯杆等障碍物。3、吊车吊装作业时，吊装作业点下无关人员撤离 1.2 倍杆高范围加强监护，防止电杆倾覆、坠落。

作业现场危险点：1、触电伤害；2、高空坠落；3、倒（断线）杆伤害；4、交通安全。

现场接线及设备情况：某某变 10kV523 某某线 005 号杆是高压直线杆

现场需停用重合闸情况：某某变 10kV523 某某线 001 号杆柱上开关合闸压板退出运行。

作业现场复勘结果：风速：1m/s，湿度：41%，现场具备不停电作业条件

应采取的安全措施（应注明：绝缘隔板、遮栏、围栏）。

1）在工作地段设置围栏、加强监护。

2）施工地段放置“前方施工，车辆慢行”标示牌，必要时派专人指挥交通。

3）吊车吊装作业时，吊装作业点下无关人员撤离 1.2 倍杆高范围。

4）斗臂车回转半径有电杆、树木、路灯，通讯线、通讯杆等障碍物，斗臂车绝缘臂回转半径内注意避让障碍物，保持足够的安全距离。

图 5－48　现场勘察记录

3）作业指导书（见图 5－49）。

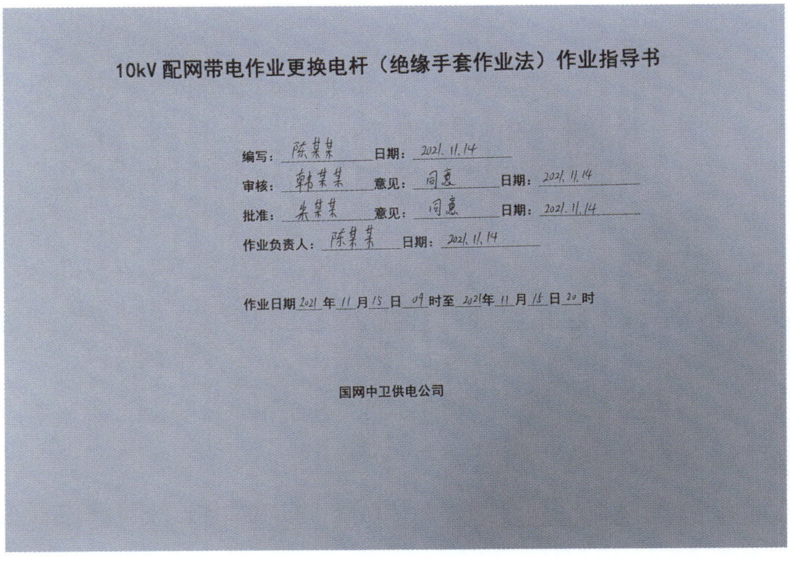

10kV 配网带电作业更换电杆（绝缘手套作业法）作业指导书

编写：陈某某　日期：2021.11.14

审核：韩某某　意见：同意　日期：2021.11.14

批准：朱某某　意见：同意　日期：2021.11.14

作业负责人：陈某某　日期：2021.11.14

作业日期 2021 年 11 月 15 日 09 时至 2021 年 11 月 15 日 20 时

国网中卫供电公司

图 5－49　作业指导书

第三节 安全措施及注意事项

1. 气象条件

带电作业应在良好天气下进行，风力大于5级或湿度大于80%时，不宜带电作业。若遇雷电、雪、雹、雨、雾等不良天气，禁止带电作业。带电作业过程中若遇天气突然变化，有可能危及人身安全及设备安全时，应立即停止工作，撤离人员，恢复设备正常状况或采取临时安全措施。

2. 作业环境

在车辆繁忙地段应与交通管理部门联系以取得配合。

3. 安全距离及有效绝缘长度

（1）作业中，绝缘斗臂车绝缘臂的有效绝缘长度不应小于1.0m。

（2）作业中，人体应保持对地距离不小于0.4m、对邻相导线不小于0.6m的安全距离，如不能确保该安全距离时，应采用绝缘遮蔽措施，遮蔽用具之间的重叠部分不得小于150mm。

4. 作业关键点

（1）本项目一般无需停用线路重合闸。

（2）立杆时，吊车吊臂与有电线路保持3.0m以上的安全距离；电杆起立超过60°后，杆根不应离地。

（3）杆上电工在登杆作业时，应对有电线路保持不少于0.7m的安全距离。

（4）吊车操作人员应服从指挥。电杆撤除过程中，工作人员应密切注意电杆与带电线路保持0.7m以上的安全距离。

（5）支撑和下降导线时，要缓缓进行，以防止导线晃动，避免造成相间短路；地面的绝缘绳索固定应可靠牢固，避免松动。

（6）作业时，严禁人体同时接触两个不同的电位体；绝缘斗内双人工作时禁止两人接触不同的电位体。

（7）作业时，杆根作业人员应穿绝缘靴、戴绝缘手套。起重设备操作人员应穿绝缘靴。起重设备操作人员在作业过程中不得离开操作位置。

5. 其他注意事项

（1）作业前应进行现场勘察。

（2）当斗臂车绝缘斗在有电区域转移时，应缓慢移动，动作要平稳，严禁使用快速挡；绝缘斗臂车在作业时，发动机不能熄火（电能驱动型除外），以保证液压系统处于工作状态。

（3）支撑导线过程中，应检查两侧电杆上的导线绑扎线情况。

（4）作业线路下层有低压线路同杆并架时，如妨碍作业，应对作业范围内的相关低压线路采取绝缘遮蔽措施。

（5）在同杆架设线路上工作，与上层线路小于安全距离规定且无法采取安全措施时，不得进行该项工作。

（6）上、下传递工具、材料均应使用绝缘传递绳绑扎，严禁抛掷。

（7）作业过程中禁止摘下绝缘防护用具。

第六章　带电直线杆改终端杆

本内容围绕配电线路检修中开展的带电直线杆改终端杆工作进行介绍，重点讲解绝缘手套作业法带电直线杆改终端杆的作业流程（涵盖技术要领、安全措施和注意事项）、作业原理、人员组合以及工器具配备等问题。

该作业项目的作业原理见图 6－1。

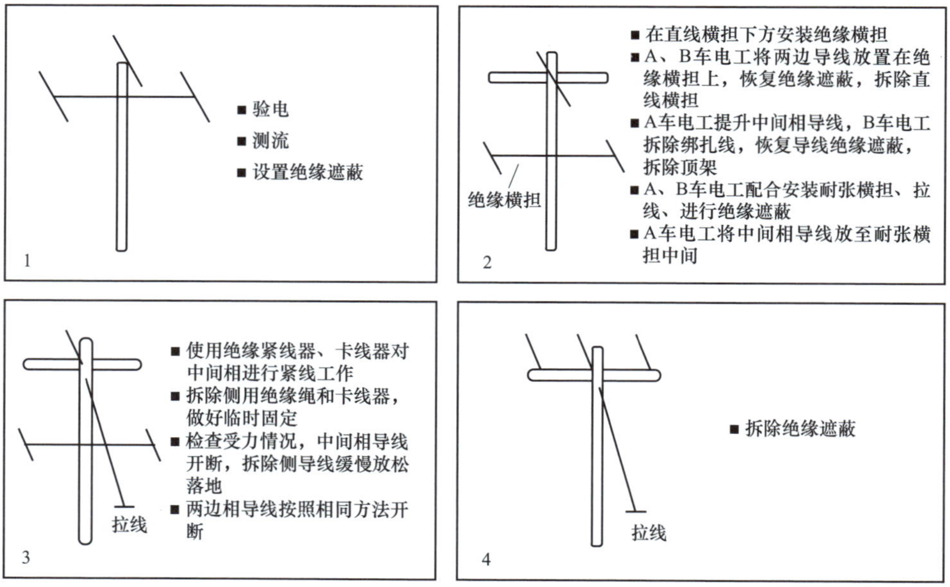

图 6－1　作业原理图

第一节　作　业　梗　概

1. 人员组合

本项目需 5 人，具体分工见表 6–1。

表 6–1　　具体人员分工

人员分工	人数（人）
工作负责人（兼工作监护人）	1
专责监护人	1
A 车（1 号电工）、B 车（2 号电工）斗内电工	2
地面电工	1

2. 作业方法

绝缘手套作业法。

3. 主要工器具配备

主要工器具配备见表 6–2。

表 6–2　　主要工器具配备

序号	工器具名称		参考图	规格、型号	数量	备注
1	特种车辆	绝缘斗臂车		10kV	2 辆	带绝缘横担组合
2	绝缘防护用具	绝缘手套	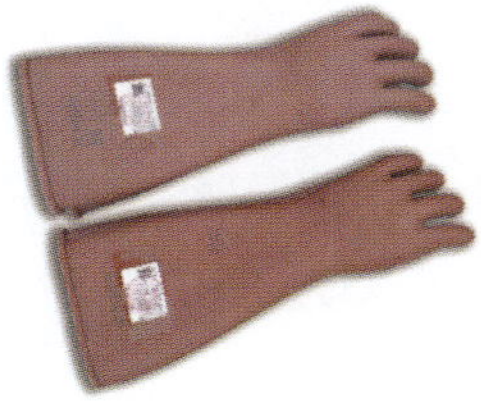	10kV	2 双	戴防护手套

续表

序号	工器具名称		参考图	规格、型号	数量	备注
3	绝缘防护用具	绝缘安全帽		10kV	4 顶	
4		绝缘披肩		10kV	2 套	
5		绝缘安全带		10kV	2 副	
6	绝缘遮蔽用具	导线遮蔽罩		10kV	6 根	
7		绝缘毯		10kV	若干	
8	绝缘工具	绝缘传递绳		12mm	4 根	15m
9		绝缘绳套		16mm	3 根	

续表

序号	工器具名称		参考图	规格、型号	数量	备注
10		绝缘紧线器		—	2 套	
11		绝缘横担		10kV	2 副	
12		卡线器	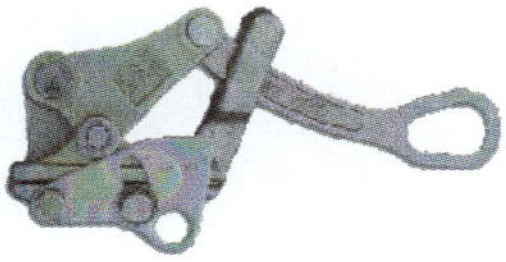	—	4 个	
13	其他	拉线组合	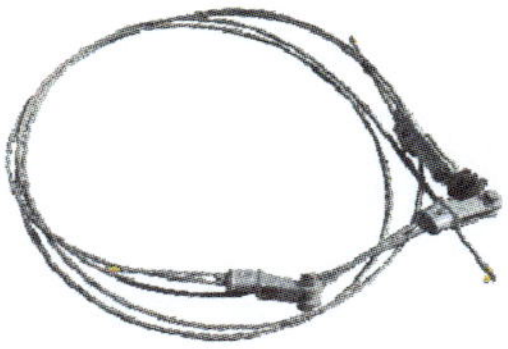	—	1 套	包括拉线棒、拉线线夹、拉线抱箍等
14		绝缘电阻测试仪	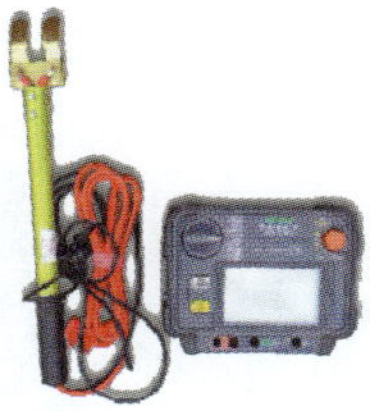	2500V 及以上	1 套	
15		耐张线夹	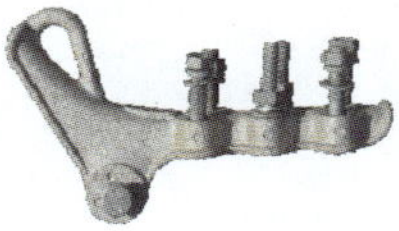	—	3 个	
16		验电器		10kV	1 套	

第二节 作 业 过 程

1. 作业前准备

（1）工具储运和检测。

1）领用绝缘工器具、安全用具及辅助器具，应核对工器具的使用电压等级和试验周期，并检查外观完好无损（见图6–2）。

图6–2 工器具存放图

2）工器具运输在过程中，应存放在专用工具袋、工具箱或工具车内，以防受潮和损伤（见图6–3）。

图6–3 工器具放专用工具箱

（2）现场操作前的准备。

1）工作负责人核对线路名称、杆号（见图 6-4）。

图 6-4　核对线路名称、杆号

2）工作负责人确认作业点后段线路空载，检查作业点和两侧的电杆根部、基础是否牢固、导线固定是否牢固（见图 6-5）（如后侧电杆为耐张杆应设置有临时拉线）。作业点拉线基础及拉线棒是否已埋设并符合要求。检查作业装置和现场环境符合带电作业条件。

图 6-5　检查电杆根部

3）工作负责人按配电带电作业工作票内容与值班调控人员联系，履行工作许可手续（见图 6–6）。

图 6–6　负责人联系值班调控人员

4）绝缘斗臂车进入工作现场，并可靠接地（见图 6–7）；根据道路情况设置安全围栏、警告标志或路障。

图 6–7　车辆接地

5）工作负责人召集工作人员开班前会交代工作任务，对工作班成员进行危险点告知，交代安全措施和技术措施，确认每一个工作班成员都已知晓，并签名确认，检查工作班成员精神状态是否良好（见图 6–8）。

图 6–8　召开班前会

6）整理材料，对安全用具、绝缘工具进行检查，对绝缘工具应使用绝缘测试仪进行分段绝缘检测，绝缘电阻值不低于 700MΩ（见图 6–9）。擦拭绝缘臂、绝缘斗，绝缘斗臂车空斗试操作。

图 6–9　分段检测工器具

2. 操作过程

（1）斗内电工进入斗内，并做准备。

1）工作负责人对斗内作业人员穿戴进行检查（见图 6－10）。

图 6－10　穿戴检查

2）工作负责人对斗内作业人员安全带挂接情况进行检查（见图 6－11）。

图 6－11　安全带挂接检查

3）地面电工配合将工器具转移至绝缘斗内，应注意以下几点：

a. 绝缘毯用绝缘夹加以固定（见图 6－12）。

b. 工器具应放置在专用的工具袋（箱）内（见图 6－13）。

c. 斗内作业人员严禁踩踏绝缘工器具（见图 6－14）。

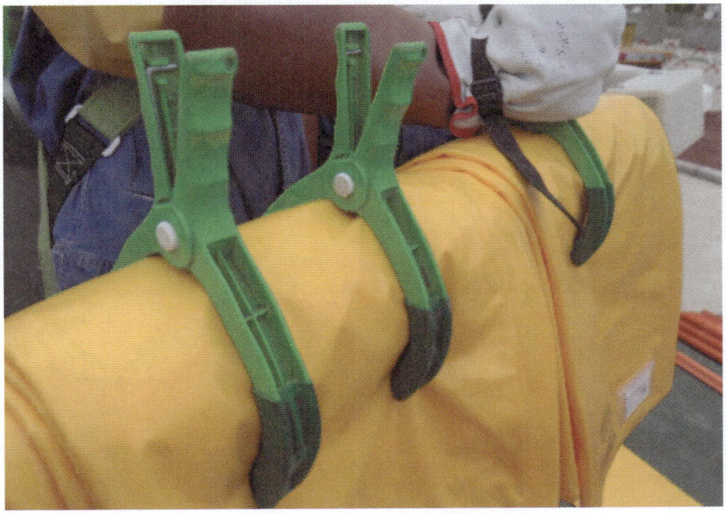

图 6－12　用绝缘夹加以固定

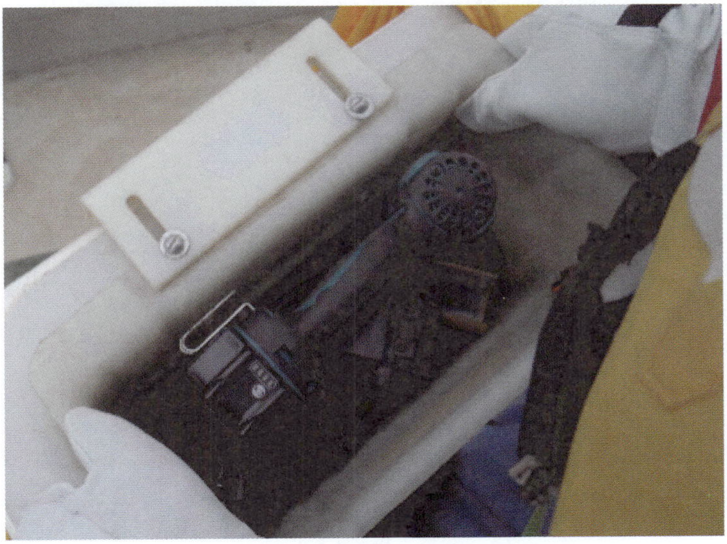

图 6－13　放置专用工具袋

图 6-14　严禁踩踏绝缘工器具

（2）验电。

1）验电注意事项。

a. 通过验电器自检按钮检查确认良好（见图 6-15）。

图 6-15　验电器确认良好

b. 条件允许的情况下，在带电体的裸露部分验电确认验电器良好。

c. 将伸缩式验电器全部拉出，确保绝缘有效长度不小于 0.7m（见图 6-16）。

图 6－16　有效长度不小于 0.7m

2）验电内容。斗内电工调整至带电导线横担下侧适当位置，使用验电器按照“导线→绝缘子→横担”的顺序对带电体及接地体进行验电，确认有无漏电现象（见图 6－17）。

图 6－17　验电

3）将验电结果向工作负责人进行汇报。若有漏电现象则及时报告工作负责人，终止工作；若无漏电现象则报告工作负责人，正常开展工作（见图 6－18）。

图 6-18　汇报验电结果

（3）带电直线杆改终端杆（杆顶绝缘横担法）。

1）测量三相线路电流，确认作业点后段线路空载，满足作业条件（见图 6-19）。

图 6-19　确认电流

2）斗内电工按照“从近到远、从下到上、先带电体后接地体”遮蔽原则对近边相带电体及接地体进行绝缘遮蔽，其余两相绝缘遮蔽按照相同方法进行。设置绝缘遮蔽应注意：

a. 设置导线遮蔽时，防止导线大幅度晃动引起相间短路（见图 6－20）。

图 6－20　导线大幅度晃动

b. 设置导线遮蔽时，注意人体与带电体、接地体安全距离，防止发生人身触电（见图 6－21）。

图 6－21　注意安全距离

c. 设置绝缘遮蔽时，斗内两名电工严禁同时作业。

3）A 车电工、B 车电工在直线横担下方适当位置装设绝缘横担，B 车电工使用绝缘小吊吊住近边相导线，A 车电工解开近边相导线绑扎线后，遮蔽罩对接并将开口向上。B 车电工起升小吊将导线缓慢提升并放置在近边相绝缘横担线槽内，绝缘遮蔽。远边相按照相同方法放置在绝缘横担线槽内（见图 6－22）。两车相互配合拆除直线横担。

图 6-22 两边相导线放至绝缘横担上

4）B 车斗内电工使用绝缘小吊吊住中相导线，A 车电工解开中相导线绑扎线后，遮蔽罩对接并将开口向上（见图 6-23）。B 车电工起升小吊将导线缓慢提升至距中间相绝缘子 0.4m 以外。

图 6-23 对接遮蔽罩

5）A 车电工拆除中间相绝缘子及顶架，安装耐张横担、拉线抱箍、悬瓶及耐张附件，并对杆身、新安装的耐张横担、拉线抱箍、悬瓶及耐张附件进行绝缘遮蔽（见图 6-24）。

图 6-24　安装耐张横担

6）B 车电工缓慢下降小吊将中间相导线放至耐张横担中间，解开小吊绳（见图 6-25）。

图 6-25　中间相导线放至耐张横担上

7）斗内电工安装好电杆拉线，并对新装拉线和电杆设置绝缘遮蔽隔离措施（见图 6-26）。

图 6-26 安装电杆拉线

8）斗内电工调整绝缘斗位置，分别将绝缘紧线器、卡线器固定于中相导线上，进行紧线工作（见图 6-27）。收紧导线后在中相导线拆除侧使用绝缘绳和卡线器做好防滑、防脱后备保护措施。

图 6-27 进行紧线工作

9）地面电工在电杆根部安装临时地锚。将中间相拆除侧的绝缘绳（导线固定用）尾部在临时地锚上固定。斗内电工将中间相带电导线固定到耐张线夹中，恢复绝缘遮蔽（见图 6-28）。斗内电工缓慢放松绝缘紧线器，使耐张线夹、悬瓶及耐张附件受力。

图 6-28　安装耐张线夹

10）地面电工拉紧绝缘绳，斗内电工将中相导线开断，拆除侧导线缓慢放松落地。斗内电工同时缓慢松弛、拆除中间相绝缘紧线器及后备保护绳（见图 6-29），做好导线终端，并及时恢复绝缘遮蔽。

图 6-29　拆除中间相绝缘紧线器

11）斗内电工将近边相导线用绝缘小吊放置在耐张横担上，并将其固定，恢复绝缘遮蔽，远边相导线按照相同方法放置在耐张横担上（见图 6－30）。

图 6－30　两边相导线放置耐张横担上

12）斗内电工调整绝缘斗位置，分别将绝缘紧线器、卡线器固定于近边相和远边相导线上，进行紧线工作（见图 6－31）。收紧导线后在两边相导线拆除侧使用绝缘绳和卡线器做好放松导线临时固定措施。

图 6－31　进行紧线工作

13）两边相导线按照中间相同样方法开断三相异线（见图 6－32）。

图 6－32　开断三相导线

（4）拆除绝缘遮蔽。按照“从远到近、从上到下、先接地体后带电体”的原则依次拆除绝缘遮蔽（见图 6－33），绝缘斗退出有电区域，作业人员返回地面。

图 6－33　拆除绝缘遮蔽

（5）施工质量检查。

1）工作负责人指挥斗内电工检查施工质量是否满足要求。

2）工作负责人指挥斗内电工检查是否有遗留物。

3. 工作终结

（1）工作结束后工作负责人向停送电联系人汇报工作结束，并办理工作票终结手续（见图 6－34），停送电联系人向配网值班调控人员申请恢复线路重合闸。

图 6－34 办理工作票终结手续

（2）工作负责人组织作业人员清点工器具并清理施工现场，要求做到“工完、料尽、场地清”（见图 6－35）。

图 6－35 清理施工现场

4. 召开班后会

（1）工作负责人对施工质量、安全措施落实情况、作业流程进行现场点评（见图 6-36）。

（2）工作负责人对作业人员的熟练程度、规范性进行点评。

图 6-36　现场点评

5. 工器具入库

作业结束后，作业人员需将工器具归还入库，并办理入库手续（见图 6-37）。

图 6-37　工器具入库

6. 资料整理

（1）工作负责人将工作票录入 PMS 系统（见图 6－38）。

图 6－38 工作票录入

（2）工作负责人将纸质资料进行归档保管，需归档资料如下：

1）工作票（见图 6－39）。

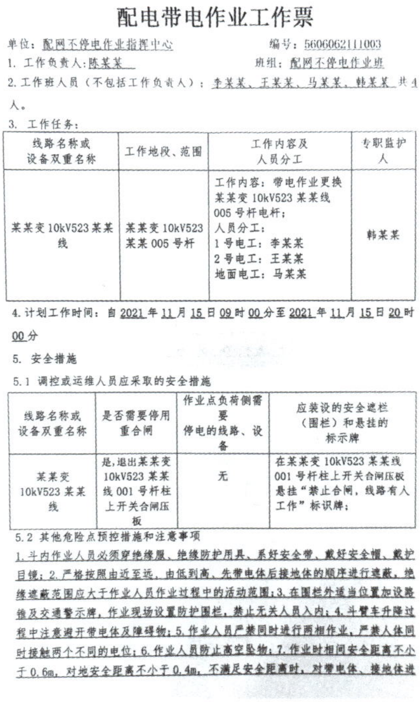

配电带电作业工作票

单位：配网不停电作业指挥中心　　编号：5606062111003

1. 工作负责人：陈某某　　班组：配网不停电作业班

2. 工作班人员（不包括工作负责人）：李某某、王某某、马某某、韩某某 共 4 人。

3. 工作任务：

线路名称或设备双重名称	工作地段、范围	工作内容及人员分工	专职监护人
某某变 10kV523 某某线	某某变 10kV523 某某 005 号杆	工作内容：带电作业更换某某变 10kV523 某某线 005 号杆电杆； 人员分工： 1 号电工：李某某 2 号电工：王某某 地面电工：马某某	韩某某

4. 计划工作时间：自 2021 年 11 月 15 日 09 时 00 分至 2021 年 11 月 15 日 20 时 00 分

5. 安全措施

5.1 调控或运维人员应采取的安全措施

线路名称或设备双重名称	是否需要停用重合闸	作业点负荷侧需要停电的线路、设备	应装设的安全遮栏（围栏）和悬挂的标示牌
某某变 10kV523 某某线	是，退出某某变 10kV523 某某线 001 号杆柱上开关合闸压板	无	在某某变 10kV523 某某线 001 号杆柱上开关合闸压板悬挂“禁止合闸，线路有人工作”标识牌；

5.2 其他危险点预控措施和注意事项

1. 斗内作业人员必须穿绝缘服、绝缘防护用具、系好安全带、戴好安全帽、戴护目镜；2. 严格按照由近至远、由低到高、先带电体后接地体的顺序进行遮蔽，绝缘遮蔽范围应大于作业人员作业过程中的活动范围；3. 在围栏外适当位置加设路锥及交通警示牌，作业现场设置防护围栏，禁止无关人员入内；4. 斗臂车升降过程中注意避开带电体及障碍物；5. 作业人员严禁同时进行两相作业，严禁人体同时接触两个不同的电位；6. 作业人员防止高空坠物；7. 作业时相间安全距离不小于 0.6m，对地安全距离不小于 0.4m，不满足安全距离时，对带电体、接地体进

图 6－39 工作票

2）现场勘察记录（见图 6－40）。

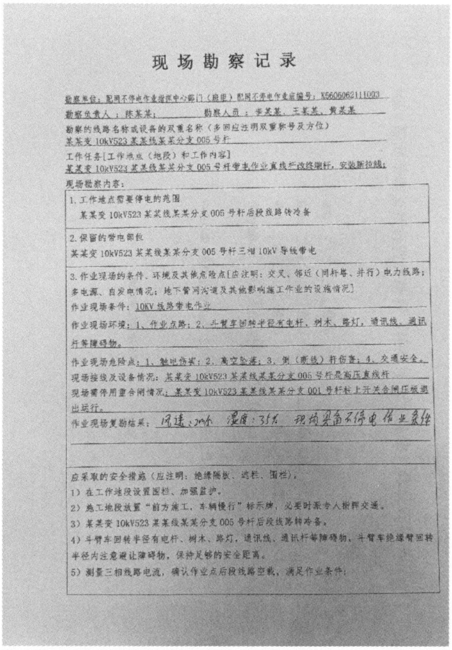

现 场 勘 察 记 录

勘察单位：配网不停电作业指挥中心部门（班组）配网不停电作业班编号：X5606062111003

勘察负责人：陈某某；　　勘察人员：李某某、王某某、黄某某

勘察的线路名称或设备的双重名称（多回应注明双重称号及方位）

某某变 10kV523 某某线某某分支 005 号杆

工作任务[工作地点（地段）和工作内容]

某某变 10kV523 某某线某某分支 005 号杆带电作业直线杆改终端杆，安装新拉线；

现场勘察内容：

1. 工作地点需要停电的范围

某某变 10kV523 某某线某某分支 005 号杆后段线路转冷备

2. 保留的带电部位

某某变 10kV523 某某线某某分支 005 号杆三相 10kV 导线带电

3. 作业现场的条件、环境及其他危险点[应注明：交叉、邻近（同杆塔、并行）电力线路；多电源、自发电情况；地下管网沟道及其他影响施工作业的设施情况]

作业现场条件：10KV 线路带电作业

作业现场环境：1、作业点路；2、斗臂车回转半径有电杆、树木、路灯，通讯线、通讯杆等障碍物。

作业现场危险点：1、触电伤害；2、高空坠落；3、倒（断线）杆伤害；4、交通安全。

现场接线及设备情况：某某变 10kV523 某某线某某分支 005 号杆是高压直线杆

现场需停用重合闸情况：某某变 10kV523 某某线某某分支 001 号杆柱上开关合闸压板退出运行。

作业现场复勘结果：风速：2m/s 湿度：35% 现场具备不停电作业条件

应采取的安全措施（应注明：绝缘隔板、遮栏、围栏）：

1）在工作地段设置围栏、加强监护。

2）施工地段放置"前方施工，车辆慢行"标示牌，必要时派专人指挥交通。

3）某某变 10kV523 某某线某某分支 005 号杆后段线路转冷备。

4）斗臂车回转半径有电杆、树木、路灯，通讯线、通讯杆等障碍物，斗臂车绝缘臂回转半径内注意避让障碍物，保持足够的安全距离。

5）测量三相线路电流，确认作业点后段线路空载，满足作业条件；

图 6－40 现场勘察记录

3）作业指导书（见图 6－41）。

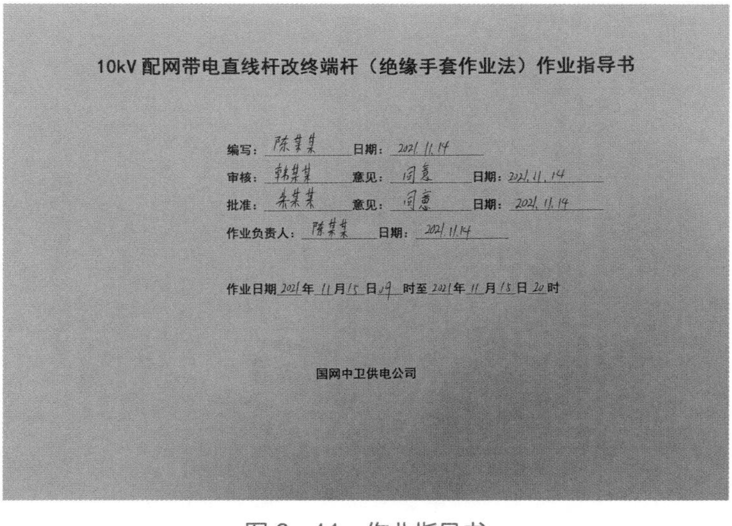

10kV 配网带电直线杆改终端杆（绝缘手套作业法）作业指导书

编写：陈某某 日期：2021.11.14

审核：韩某某 意见：同意 日期：2021.11.14

批准：朱某某 意见：同意 日期：2021.11.14

作业负责人：陈某某 日期：2021.11.14

作业日期 2021 年 11 月 15 日 09 时至 2021 年 11 月 15 日 20 时

国网中卫供电公司

图 6－41 作业指导书

第三节　安全措施及注意事项

1. 气象条件

带电作业应在良好天气下进行，风力大于 5 级或湿度大于 80%时，不宜带电作业。若遇雷电、雪、雹、雨、雾等不良天气，禁止带电作业。带电作业过程中若遇天气突然变化，有可能危及人身安全及设备安全时，应立即停止工作，撤离人员，恢复设备正常状况或采取临时安全措施。

2. 作业环境

（1）在车辆繁忙地段应与交通管理部门联系以取得配合。

（2）本规程适用于单回路线路。

3. 安全距离及有效绝缘长度

（1）作业中，绝缘斗臂车绝缘臂的有效绝缘长度不应小于 1.0m，绝缘承力工具有效绝缘长度不应小于 0.4m。

（2）作业中，人体应保持对地距离不小于 0.4m、对邻相导线不小于 0.6m 的安全距离，如不能确保该安全距离时，应采用绝缘遮蔽措施，遮蔽用具之间的重叠部分不得小于 150mm。

4. 作业关键点

（1）本项目一般无需停用线路重合闸。

（2）在接触带电导线前应得到监护人的许可，作业人员在进行换相作业转移前，应得到监护人的许可。

（3）在作业时，严禁人体同时接触两个不同的电位体；绝缘斗内双人工作时禁止两人接触不同的电位体。

（4）在开断导线前，应有防导线脱落的后备保护措施。

（5）在进行三相导线开断前，应得到监护人的许可。

（6）终端杆应设置拉线。应依次开断两边相导线，并做好横担受力不均发生歪斜的保护措施。

（7）已断开相的导线，应在采取防感应电措施后方可触及。

5. 其他注意事项

（1）作业前应进行现场勘察。

（2）当斗臂车绝缘斗在有电区域内转移时，应缓慢移动，动作要平稳，严禁使用快速挡；绝缘斗臂车在作业时，发动机不能熄火（电能驱动型除外），以保证液压系统处于工作状态。

（3）作业线路下层有低压线路同杆并架时，如妨碍作业，应对作业范围内的相关低压线路采取绝缘遮蔽措施。

（4）在同杆架设线路上工作，与上层线路小于安全距离规定且无法采取安全措施时，不得进行该项工作。

（5）禁止采用突然剪断导线的方法松线。

（6）上、下传递工具、材料均应使用绝缘绳传递，严禁抛、扔掷。

（7）作业过程中禁止摘下绝缘防护用具。

第七章　带负荷更换熔断器（绝缘引流线法）

本内容围绕近年来配电线路检修中开展的带电更换熔断器关工作进行介绍，重点讲解绝缘引流线法带负荷更换熔断器的作业流程（涵盖技术要领、安全措施和注意事项）、作业原理、人员组合以及工器具配备等问题。

该作业项目的作业原理见图 7－1。

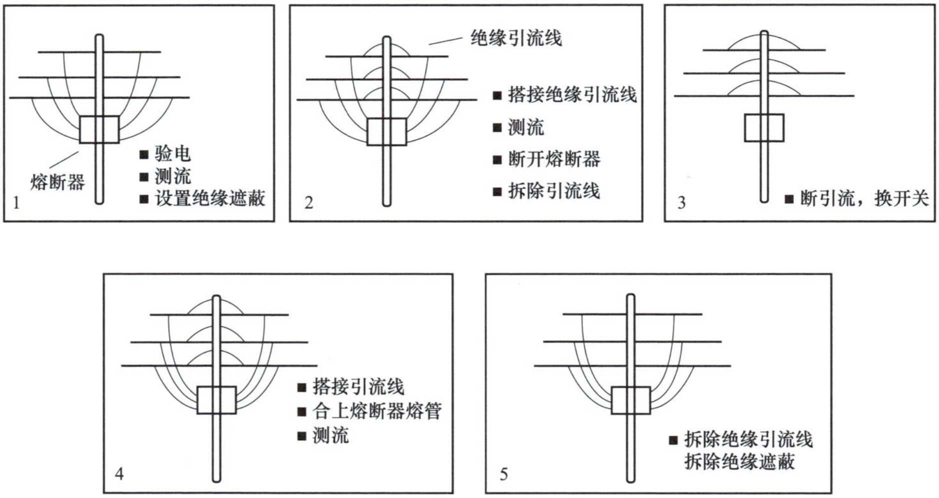

图 7－1　作业原理图

第一节　作　业　梗　概

1. 人员组合

本项目需 6 人，具体分工见表 7－1。

表 7－1　　具体人员分工

人员分工	人数（人）
工作负责人	1
斗内电工	2
地面电工	2
专责监护人	1

2. 作业方法

绝缘手套作业法。

3. 主要工器具配备

主要工器具配备见表 7－2。

表 7－2　　主要工器具配备

序号	工器具名称		参考图	规格、型号	数量	备注
1	特种车辆	绝缘斗臂车		10kV	2 辆	
2	绝缘防护用具	绝缘手套	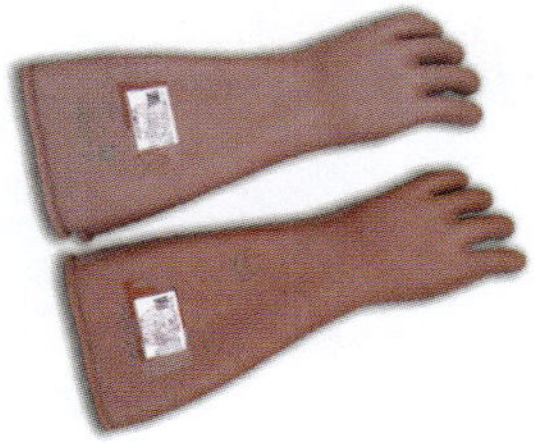	10kV	2 双	戴防护手套

续表

序号	工器具名称		参考图	规格、型号	数量	备注
3		绝缘安全帽		10kV	6 顶	
4	绝缘防护用具	绝缘披肩		10kV	2 套	
5		绝缘安全带		10kV	2 副	
6		导线遮蔽罩	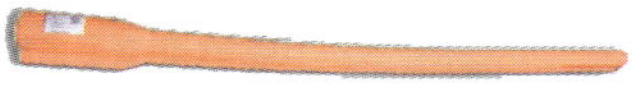	10kV	若干	
7	绝缘遮蔽用具	引流线遮蔽罩		10kV	若干	
8		绝缘毯		10kV	若干	
9	绝缘工具	绝缘传递绳		10kV	1 根	
10		绝缘操作杆	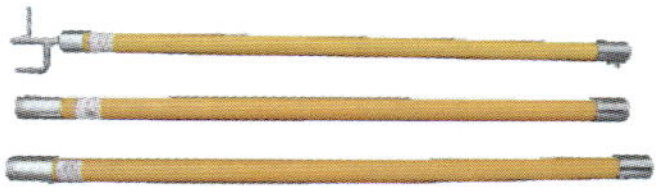	10kV	1 副	拉、合熔断器用

续表

序号	工器具名称		参考图	规格、型号	数量	备注
11	绝缘工具	绝缘引流线		10kV	3 根	长度 4m
12		绝缘绳	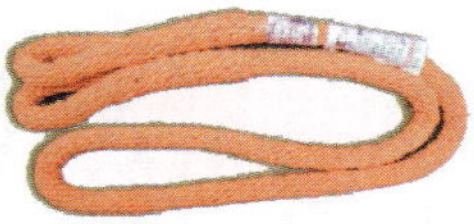	10kV	12 根	用于固定引流线
13		钳型电流检测仪		10kV	1 套	
14		绝缘电阻测试仪	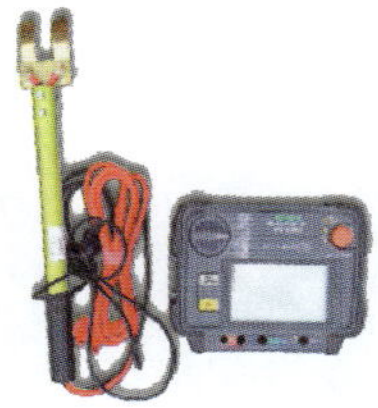	2500V 及以上	1 套	
15		验电器		10kV	1 套	
16		风速湿度检测仪		—	1 个	

第二节 作 业 过 程

1. 作业前准备

（1）工具储运和检测。

1）领用绝缘工器具、安全用具及辅助器具，应核对工器具的使用电压等级和试验周期，并检查外观完好无损（见图 7–2）。

图 7–2 工器具存放图

2）工器具运输在过程中，应存放在专用工具袋、工具箱或工具车内，以防受潮和损伤。

（2）现场操作前的准备。

1）工作负责人核对线路名称、杆号（见图 7–3）。

图 7–3 核对线路名称、杆号

2）工作负责人检查确认作业装置和现场环境符合带电作业条件（见图 7–4）。

图 7–4　检查作业装置

3）工作负责人按配电带电作业工作票内容与值班调控人员联系，申请停用线路重合闸（见图 7–5）。

图 7–5　负责人联系值班调控人员

4）绝缘斗臂车进入合适位置，并可靠接地（见图7-6），根据道路情况设置安全围栏、警告标志或路障。

图7-6 车辆接地

5）工作负责人召集工作人员交代工作任务，对工作班成员进行危险点告知，交代安全措施和技术措施，确认每一个工作班成员都已知晓，检查工作班成员精神状态是否良好，工作人员是否合适（见图7-7）。

图7-7 召开班前会

6）整理工器具，对安全用具、绝缘工具进行检查，对绝缘工具应使用绝缘测试仪进行分段绝缘检测，绝缘电阻值不低于 700MΩ（见图 7–8）。绝缘引流线绝缘电阻应不低于 500MΩ。擦拭绝缘臂、绝缘斗，绝缘斗臂车空斗试操。

图 7–8　分段检测工器具

7）使用绝缘电阻检测仪检测新熔断器设备（见图 7–9）。

图 7–9　检测新熔断器

2. 操作步骤

（1）斗内电工进入斗内，并做准备。

1）工作负责人对斗内作业人员穿戴进行检查（见图7-10）。

图7-10　穿戴检查

2）工作负责人对斗内作业人员安全带挂接情况进行检查（见图7-11）。

图7-11　安全带挂接检查

3）地面电工配合将工器具转移至绝缘斗内，应注意以下几点：

a. 绝缘毯用绝缘夹加以固定（见图 7－12）。

图 7－12　用绝缘夹加以固定

b. 工器具应放置在专用的工具袋（箱）内（见图 7－13）。

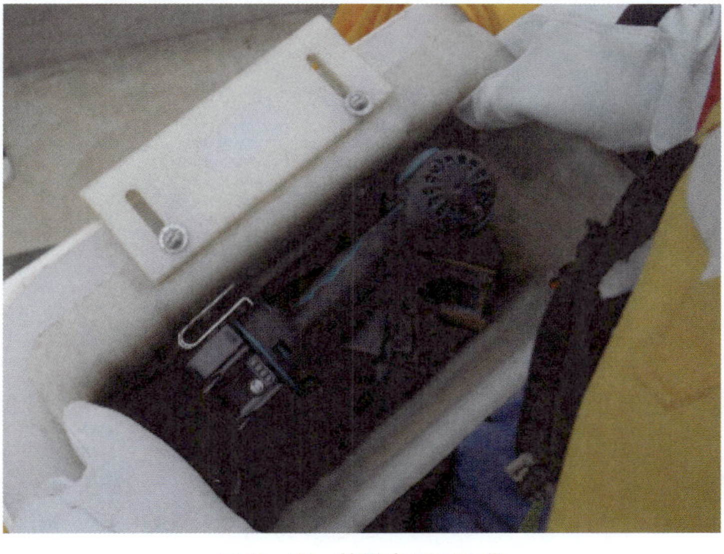

图 7－13　放置专用工具袋

c. 斗内作业人员严禁踩踏绝缘工器具（见图 7－14）。

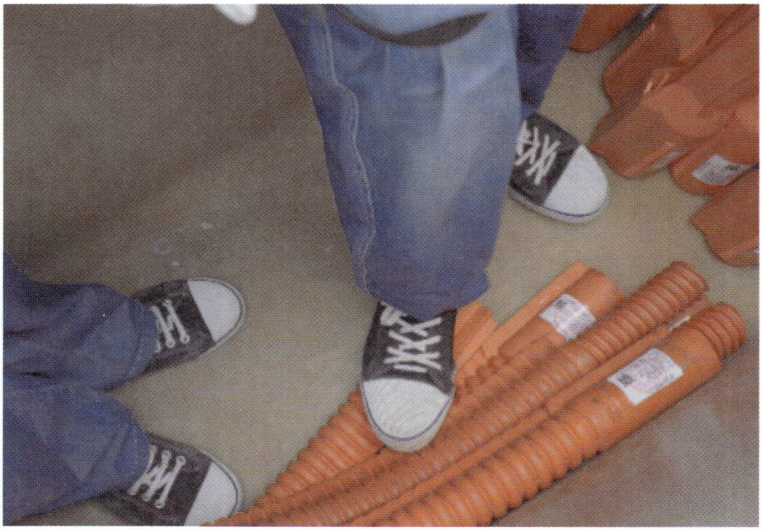

图 7-14　严禁踩踏绝缘工器具

（2）验电。

1）验电注意事项。

a. 通过验电器自检按钮检查确认良好（见图 7-15）。

图 7-15　验电器确认良好

b. 条件允许的情况下，在带电体的裸露部分验电确认验电器良好。

c. 将伸缩式验电器全部拉出，确保绝缘有效长度不小于 0.7m（见图 7-16）。

图 7-16　有效长度不小于 0.7m

2）验电内容。斗内电工调整至带电导线横担下侧适当位置，使用验电器按照“导线→绝缘子→横担”的顺序对带电体及接地体进行验电，确认有无漏电现象（见图 7-17）。

图 7-17　验电

3）将验电结果向工作负责人进行汇报。若有漏电现象则及时报告工作负责人，终止工作；若无漏电现象则报告工作负责人，正常开展工作（见图 7-18）。

图 7-18　汇报验电结果

（3）带负荷更换熔断器（绝缘引流线法）。

1）1 号电工用电流检测仪逐相测量熔断器通流正常且负荷电流不大于绝缘引流线额定电流（200A）；2 号电工将绝缘斗调整至熔断器的合适位置，检查熔断器无异常情况（见图 7-19）。

图 7-19　测流

2）斗内电工分别将绝缘斗调整到熔断器两侧合适位置，按照“从近到远、从下到上、先带电体后接地体”的遮蔽原则对作业范围内的所有带电体和接地体进行绝缘遮蔽。设置绝缘遮蔽应注意：

a. 设置导线遮蔽时，防止导线大幅度晃动引起相间短路（见图 7－20）。

图 7－20　导线大幅度晃动

b. 设置导线遮蔽时，注意人体与带电体、接地体安全距离，防止发生人身触电（见图 7－21）。

图 7－21　注意安全距离

c. 设置绝缘遮蔽时，斗内两名电工严禁同时作业。

3）斗内电工利用绝缘遮蔽罩锁死熔断器，防止作业时跌落式熔断器突然断开引起电弧，随后用绝缘引流线逐相短接跌落式熔断器，接入绝缘引流线时应两侧同时进行。短接时三相导线可先按中间相再两边相，或根据现场情况按由远及近的顺序依次接入（见图 7－22）。

图 7－22 逐相短接熔断器

4）确认三相绝缘引流线连接可靠，1 号电工使用电流检测仪逐相测量三相绝缘引流线电流，确认每一相分流的负荷电流应不小于原线路负荷电流的 1/3（见图 7－23）。

图 7－23 确认绝缘引流线电流

5）1 号电工将绝缘斗调整到熔断器合适位置，用绝缘操作杆断开熔断器（见图 7－24）。

图 7－24　断开熔断器

6）1 号电工、2 号电工拆除熔断器引流线，恢复绝缘遮蔽（见图 7－25）。

图 7－25　拆除熔断器引流线

7）1 号电工、2 号电工相互配合更换熔断器（见图 7-26）。

图 7-26　更换熔断器

8）确认熔断器在断开状态，1 号电工、2 号电工连接熔断器引线（见图 7-27），并恢复导线、引线绝缘遮蔽。

图 7-27　连接熔断器引线

9）1 号电工将绝缘斗调整到合适位置，合上熔断器，并通过操动机构位置和电流检测仪逐相测量熔断器三相引线电流，并确认每一相分流的负荷电流不小于原线路负荷电流的 1/3（见图 7－28）。

图 7－28　测量三相引线电流

10）1 号电工、2 号电工调整绝缘斗到近边相绝缘引流线处，两侧同时拆除绝缘引流线，并恢复绝缘遮蔽（见图 7－29）。其余两相绝缘引流线按相同方法拆除。三相的顺序也可按由近到远或先两边相再中间相进行。

图 7－29　拆除绝缘引流线

（4）拆除绝缘遮蔽。按照“从远到近、从上到下、先接地体后带电体”的原则依次拆除绝缘遮蔽（见图 7－30），绝缘斗退出有电区域，作业人员返回地面。

图 7－30 拆除绝缘遮蔽

（5）施工质量检查。

1）工作负责人指挥斗内电工检查施工质量是否满足要求。

2）工作负责人指挥斗内电工检查是否有遗留物。

3. 工作终结

（1）工作结束后工作负责人向停送电联系人汇报工作结束，并办理工作票终结手续（见图 7－31），停送电联系人向配电网值班调控人员申请恢复线路重合闸。

图 7－31 办理工作票终结手续

（2）工作负责人组织作业人员清点工器具并清理施工现场，要求做到“工完、料尽、场地清”（见图 7－32）。

图 7－32　清理施工现场

4. 召开班后会

（1）工作负责人对施工质量、安全措施落实情况、作业流程进行现场点评（见图 7－33）。

图 7－33　现场点评

（2）工作负责人对作业人员的熟练程度、规范性进行点评（见图 7－34）。

图 7－34　点评作业人员

5. 工器具入库

作业结束后，作业人员需将工器具归还入库，并办理入库手续（见图 7－35）。

图 7－35　工器具入库

6. 资料整理

（1）工作负责人将工作票录入 PMS 系统（见图 7－36）。

图 7－36　工作票录入

（2）工作负责人将纸质资料进行归档保管，需归档资料如下：

1）工作票（见图 7－37）。

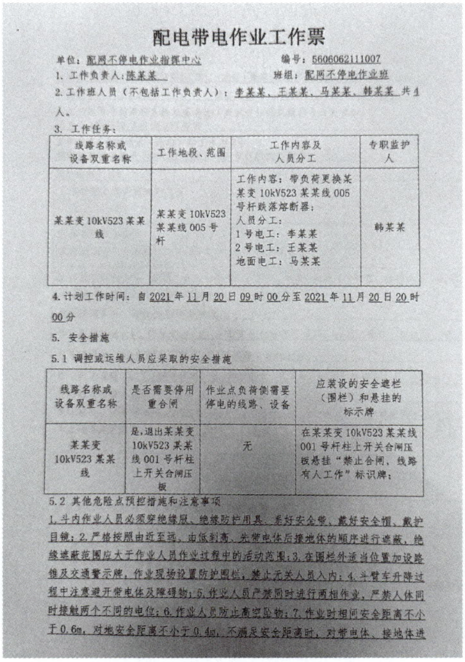

配电带电作业工作票

单位：配网不停电作业指挥中心　　　　编号：5606062111007

1、工作负责人：陈某某　　　　班组：配网不停电作业班

2.工作班人员（不包括工作负责人）：李某某、王某某、马某某、韩某某 共 4 人。

3. 工作任务：

线路名称或设备双重名称	工作地段、范围	工作内容及人员分工	专职监护人
某某变 10kV523 某某线	某某变 10kV523 某某线 005 号杆	工作内容：带负荷更换某某变 10kV523 某某线 005 号杆跌落熔断器； 人员分工： 1 号电工：李某某 2 号电工：王某某 地面电工：马某某	韩某某

4. 计划工作时间：自 2021 年 11 月 20 日 09 时 00 分至 2021 年 11 月 20 日 20 时 00 分

5. 安全措施

5.1 调控或运维人员应采取的安全措施

线路名称或设备双重名称	是否需要停用重合闸	作业点负荷侧需要停电的线路、设备	应装设的安全遮栏（围栏）和悬挂的标示牌
某某变 10kV523 某某线	是，退出某某变 10kV523 某某线 001 号杆柱上开关合闸压板	无	在某某变 10kV523 某某线 001 号杆柱上开关合闸压板悬挂“禁止合闸，线路有人工作”标识牌；

5.2 其他危险点预控措施和注意事项

1. 斗内作业人员必须穿绝缘服、绝缘防护用具，系好安全带，戴好安全帽，戴护目镜；2. 严格按照由近至远、由低到高、先带电体后接地体的顺序进行遮蔽，绝缘遮蔽范围应大于作业人员作业过程中的活动范围；3. 在围栏外适当位置加设路锥及交通警示牌，作业现场设置防护围栏，禁止无关人员入内；4. 斗臂车升降过程中注意避开带电体及障碍物；5. 作业人员严禁同时进行两相作业，严禁人体同时接触两个不同的电位；6. 作业人员防止高空坠物；7. 作业时相间安全距离不小于 0.6m，对地安全距离不小于 0.4m，不满足安全距离时，对带电体、接地体进

图 7－37　工作票

2）现场勘察记录（见图 7－38）。

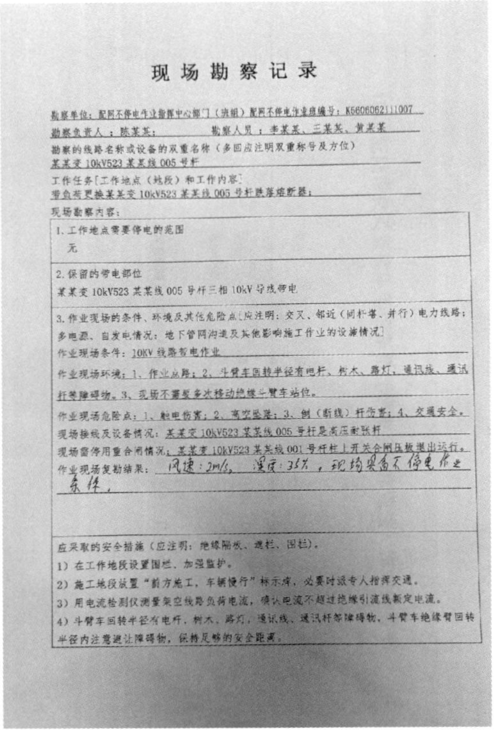

现场勘察记录

勘察单位：配网不停电作业指挥中心部门（班组）配网不停电作业班编号：K5606062111007

勘察负责人：陈某某；　　勘察人员：李某某、王某某、黄某某

勘察的线路名称或设备的双重名称（多回应注明双重称号及方位）

某某变 10kV523 某某线 005 号杆

工作任务[工作地点（地段）和工作内容]

带负荷更换某某变 10kV523 某某线 005 号杆跌落熔断器；

现场勘察内容：

1. 工作地点需要停电的范围

无

2. 保留的带电部位

某某变 10kV523 某某线 005 号杆三相 10kV 导线带电

3. 作业现场的条件、环境及其他危险点[应注明：交叉、邻近（同杆塔、并行）电力线路；多电源、自发电情况：地下管网沟道及其他影响施工作业的设施情况]

作业现场条件：10KV 线路带电作业

作业现场环境：1、作业点路；2、斗臂车回转半径有电杆、树木、路灯，通讯线、通讯杆等障碍物。3、现场不需要多次移动绝缘斗臂车站位。

作业现场危险点：1、触电伤害；2、高空坠落；3、倒（断线）杆伤害；4、交通安全。

现场接线及设备情况：某某变 10kV523 某某线 005 号杆是高压耐张杆

现场需停用重合闸情况：某某变 10kV523 某某线 001 号杆柱上开关合闸压板退出运行。

作业现场复勘结果：风速：2m/s，湿度：35%，现场具备不停电作业条件，

应采取的安全措施（应注明：绝缘隔板、遮栏、围栏）。

1）在工作地段设置围栏、加强监护。

2）施工地段放置“前方施工，车辆慢行”标示牌，必要时派专人指挥交通。

3）用电流检测仪测量架空线路负荷电流，确认电流不超过绝缘引流线额定电流。

4）斗臂车回转半径有电杆、树木、路灯，通讯线、通讯杆等障碍物，斗臂车绝缘臂回转半径内注意避让障碍物，保持足够的安全距离。

图 7－38　现场勘察记录

3）作业指导书（见图 7－39）。

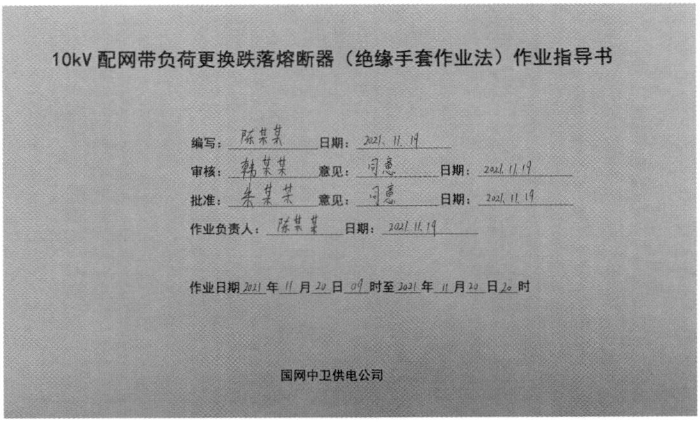

10kV 配网带负荷更换跌落熔断器（绝缘手套作业法）作业指导书

编写：陈某某　日期：2021.11.19

审核：韩某某　意见：同意　日期：2021.11.19

批准：朱某某　意见：同意　日期：2021.11.19

作业负责人：陈某某　日期：2021.11.19

作业日期 2021 年 11 月 20 日 09 时至 2021 年 11 月 20 日 20 时

国网中卫供电公司

图 7－39　作业指导书

第三节 安全措施及注意事项

1. 气象条件

带电作业应在良好天气下进行，风力大于 5 级或湿度大于 80%时，不宜带电作业。若遇雷电、雪、雹、雨、雾等不良天气，禁止带电作业。带电作业过程中若遇天气突然变化，有可能危及人身安全及设备安全时，应立即停止工作，撤离人员，恢复设备正常状况或采取临时安全措施。

2. 作业环境

在车辆繁忙地段应与交通管理部门联系以取得配合。

3. 安全距离及有效绝缘长度

（1）作业中，绝缘斗臂车绝缘臂的有效绝缘长度不应小于 1.0m。

（2）作业中，人体应保持对地距离不小于 0.4m、对邻相导线不小于 0.6m 的安全距离，如不能确保该安全距离时，应采用绝缘遮蔽措施，遮蔽用具之间的重叠部分不得小于 150mm。

4. 作业关键点

（1）本项目需停用线路重合闸。

（2）当熔断器上口正常时，直接用绝缘引流线短接。当熔断器发热时，禁止使用绝缘引流线进行短接，需要使用单相开关短接。

（3）作业人员在接触带电导线、进行换相工作转移或分、合熔断器前，应得到监护人的许可。

（4）绝缘引流线应查看额定电流值，所带负荷电流不得超过绝缘引流线的额定电流。

（5）安装绝缘引流线时应有防止熔断器意外断开的措施。绝缘引流线两端连接后或拆除前，应检测相关设备通流情况正常，绝缘引流线每一相分流的负荷电流应不小于原线路负荷电流的 1/3。

（6）严禁人体同时接触两个不同的电位体；绝缘斗内双人工作时禁止两人

接触不同的电位体。

（7）边相下引线进行拆、搭工作时，应注意对中相引线及电杆做好绝缘遮蔽隔离措施。作业中应及时恢复和补充绝缘遮蔽隔离措施。

（8）绝缘引流线搭接时 应注意相位，确保搭接点接触可靠。

（9）三相绝缘引流线搭接未完成前严禁拉开熔丝管，三相熔丝管未合上前严禁拆除绝缘引流线。

5. 其他注意事项

（1）作业前应进行现场勘察。

（2）当绝缘斗臂车绝缘斗在有电区域内转移时，应缓慢移动，动作要平稳，严禁使用快速挡；绝缘斗臂车在作业时，发动机不能熄火（电能驱动型除外），以保证液压系统处于工作状态。

（3）作业线路下层有低压线路同杆并架时，如妨碍作业，应对作业范围内的相关低压线路采取绝缘遮蔽措施。

（4）在同杆架设线路上工作，与上层线路小于安全距离规定且无法采取安全措施时，不得进行该项工作。

（5）上、下传递工具、材料均应使用绝缘绳传递，严禁抛掷。

（6）作业过程中禁止摘下绝缘防护用具。

第八章　带负荷更换柱上开关或隔离开关（绝缘引流线法）

本内容围绕近年来配电线路检修中开展的带电更换柱上开关或隔离开关工作进行介绍，重点讲解绝缘引流线法带负荷更换柱上开关或隔离开关的作业流程（涵盖技术要领、安全措施和注意事项）、作业原理、人员组合以及工器具配备等问题。

该作业项目的作业原理见图 8–1。

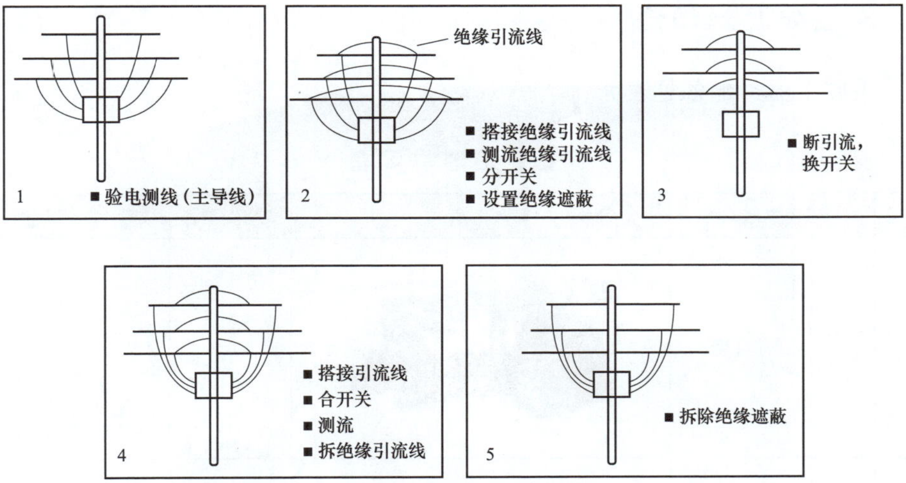

图 8–1　作业原理图

第一节 作 业 梗 概

1. 人员组合

本项目需 6 人，具体分工见表 8-1。

表 8-1 具体分工人员

人员分工	人数（人）
工作负责人	1
斗内电工（1 号、2 号电工）	2
专责监护人	1
地面电工	2

2. 作业方法

绝缘手套作业法。

3. 主要工器具配备

主要工器具配备见表 8-2。

表 8-2 主要工器具配备

序号	工器具名称		参考图	规格、型号	数量	备注
1	特种车辆	绝缘斗臂车		10kV	2 辆	
2	绝缘防护用具	绝缘手套		10kV	2 双	戴防护手套

续表

序号	工器具名称		参考图	规格、型号	数量	备注
3	绝缘防护用具	绝缘安全帽		10kV	6 顶	
4		绝缘披肩		10kV	2 套	
5		绝缘安全带		10kV	2 副	
6	绝缘遮蔽用具	导线遮蔽罩		10kV	若干	
7		引流线遮蔽罩	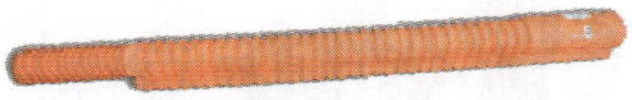	10kV	若干	
8		绝缘毯		10kV	若干	
9	绝缘工具	绝缘传递绳		12mm	1 根	15m
10		绝缘操作杆		10kV	1 副	操作旁路负荷开关用

续表

序号	工器具名称		参考图	规格、型号	数量	备注
11	绝缘工具	开关专用吊绳	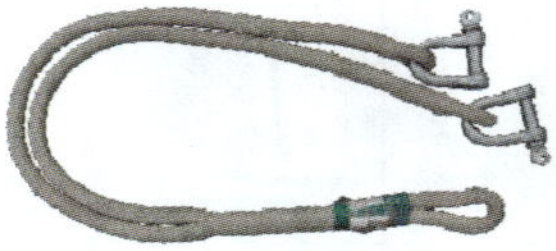	—	1 条	
12		绝缘引流线		10kV	3 条	
13	其他	电流检测仪		高压	1 套	
14		绝缘电阻测试仪	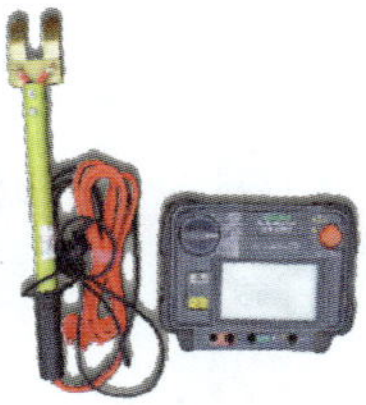	2500V 及以上	1 套	
15		验电器		10kV	1 套	
16		风速湿度检测仪		—	1 个	

第二节　作　业　过　程

1. 作业前准备

（1）工具储运和检测。

1）领用绝缘工器具、安全用具及辅助器具，应核对工器具的使用电压等级和试验周期，并检查外观完好无损（见图 8－2）。

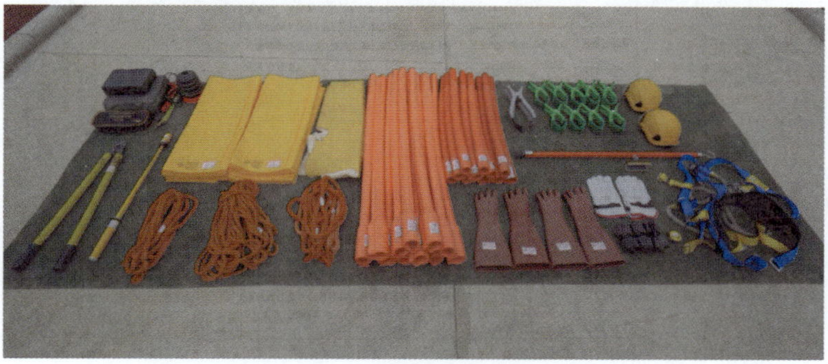

图 8－2　工器具存放图

2）工器具运输在过程中，应存放在专用工具袋、工具箱或工具车内，以防受潮和损伤（见图 8－3）。

图 8－3　工器具放专用工具箱

（2）现场操作前的准备。

1）工作负责人核对线路名称、杆号（见图 8-4）。

图 8-4　工作负责人核对线路名称、杆号

2）工作负责人检查确认作业装置和现场环境符合带电作业条件，具有配网自动化功能的柱上开关，其电压互感器应退出运行（见图 8-5）。

图 8-5　检查作业装置

3）工作负责人按配电带电作业工作票内容与值班调控人员联系，申请停用线路重合闸（见图 8－6）。

图 8－6　负责人联系值班调控人员

4）绝缘斗臂车进入合适位置，并可靠接地（见图 8－7）；根据道路情况设置安全围栏、警告标志或路障。

图 8－7　车辆接地

5）工作负责人召集工作人员开班前会交代工作任务，对工作班成员进行危险点告知，交代安全措施和技术措施，确认每一个工作班成员都已知晓，检查工作班成员精神状态是否良好，工作人员是否合适（见图 8-8）。

图 8-8 召开班前会

6）整理材料，对安全用具、绝缘工具进行检查，对绝缘工具应使用绝缘测试仪进行分段绝缘检测，绝缘电阻值不低于 700MΩ（见图 8-9）。旁路高压引下电缆绝缘电阻应不低于 500MΩ。擦拭绝缘臂、绝缘斗，绝缘斗臂车空斗试操。

图 8-9 分段检测工器具

7）使用绝缘电阻检测仪检测新柱上负荷开关或隔离开关设备（见图 8－10）。

图 8－10　检测新柱上负荷开关

2. 操作步骤

（1）斗内电工进入斗内，并做准备。

1）工作负责人对斗内作业人员穿戴进行检查（见图 8－11）。

图 8－11　穿戴检查

2）工作负责人对斗内作业人员安全带挂接情况进行检查（见图 8－12）。

图 8－12　安全带挂接检查

3）地面电工配合将工器具转移至绝缘斗内，应注意以下几点：

a. 绝缘毯用绝缘夹加以固定（见图 8－13）。

图 8－13　用绝缘夹加以固定

b. 工器具应放置在专用的工具袋（箱）内（见图 8－14）。

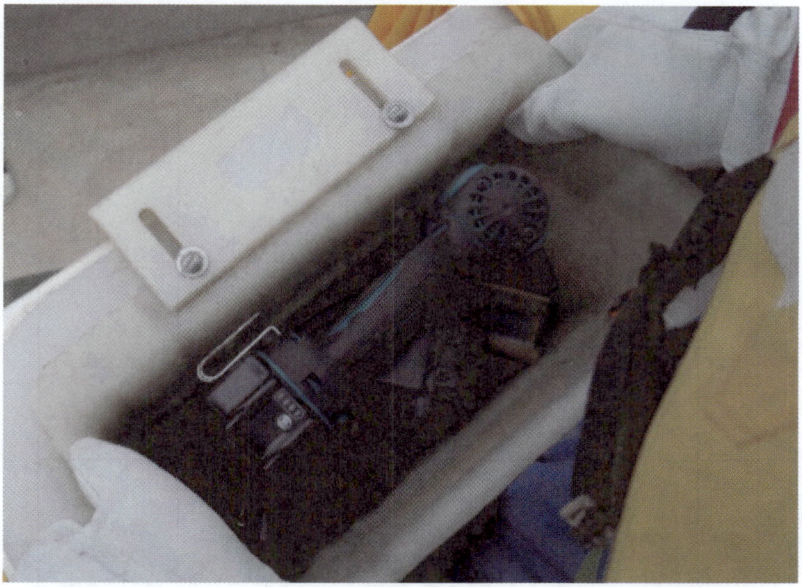

图 8－14　放置专用工具袋

c. 斗内作业人员严禁踩踏绝缘工器具（见图 8－15）。

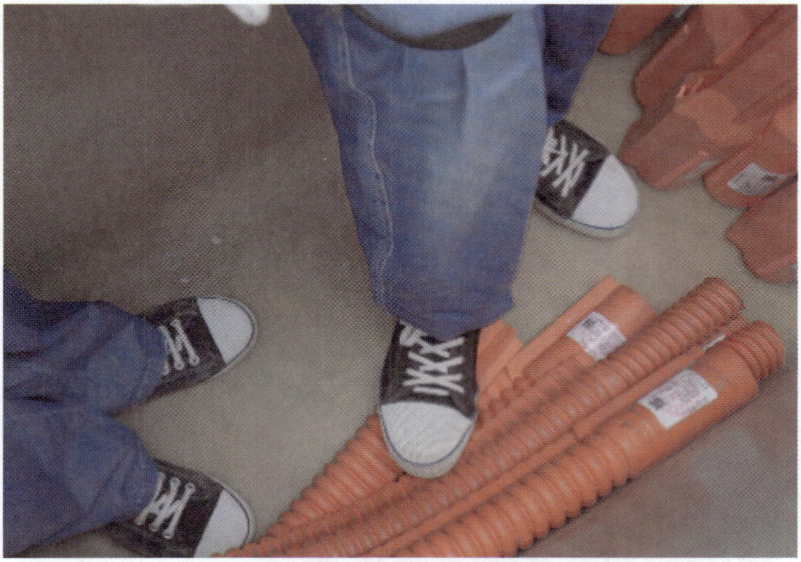

图 8－15　严禁踩踏绝缘工器具

（2）验电。

1）验电注意事项。

a. 通过验电器自检按钮检查确认良好（见图 8－16）。

图 8－16　验电器确认良好

b. 条件允许的情况下，在带电体的裸露部分验电确认验电器良好。

c. 将伸缩式验电器全部拉出，确保绝缘有效长度不小于 0.7m（见图 8－17）。

图 8－17　有效长度不小于 0.7m

2）验电内容。斗内电工调整至带电导线横担下侧适当位置，使用验电器按照“导线→绝缘子→横担”的顺序对带电体及接地体进行验电，确认有无漏电现象（见图 8－18）。

图 8－18　验电

3）将验电结果向工作负责人进行汇报。若有漏电现象则及时报告工作负责人，终止工作；若无漏电现象则报告工作负责人，正常开展工作（见图 8－19）。

图 8－19　汇报验电结果

（3）带负荷更换柱上开关或隔离开关（绝缘引流线法）。

1）1 号电工用电流检测仪逐相测量柱上负荷开关通流正常且负荷电流不大于绝缘引流线额定电流（见图 8－20）；2 号电工将绝缘斗调整支柱上负荷开关的合适位置，检查柱上负荷开关无异常情况。

图 8－20　检查开关通流正常

2）斗内电工分别将绝缘斗调整到柱上负荷开关两侧合适位置，按照“从近到远、从下到上、先带电体后接地体”的遮蔽原则对作业范围内的所有带电体和接地体进行绝缘遮蔽。设置绝缘遮蔽应注意：

a. 设置导线遮蔽时，防止导线大幅度晃动引起相间短路（见图 8－21）。

图 8－21　导线大幅度晃动

b. 设置导线遮蔽时，注意人体与带电体、接地体安全距离，防止发生人身触电（见图 8－22）。

图 8－22 注意安全距离

c. 设置绝缘遮蔽时，斗内两名电工严禁同时作业。

3）斗内电工锁死柱上负荷开关跳闸机构，用绝缘引流线逐相短接柱上负荷开关（见图 8－23）。短接时应两侧同时进行。断接时三相导线可先按中间相再两边相，或根据现场情况按由远及近的顺序依次短接。

图 8－23 逐相短接柱上负荷开关

4）确认三相绝缘引流线连接可靠，1 号电工使用电流检测仪逐相测量三相绝缘引流线电流，确认每一相分流的负荷电流不应小于原线路负荷电流的 1/3（见图 8－24）。

图 8－24　确认绝缘引流线电流

5）1 号电工将绝缘斗调整到柱上负荷开关合适位置，用绝缘操作杆断开柱上负荷开关（见图 8－25）。

图 8－25　断开柱上负荷开关

6）1 号电工、2 号电工拆除柱上负荷开关引线，恢复绝缘遮蔽（见图 8－26）。

图 8－26　拆除柱上负荷开关引线

7）1 号电工、2 号电工与地面电工相互配合，利用绝缘斗臂车小吊更换柱上负荷开关（见图 8－27）。

图 8－27　更换柱上负荷开关

8）确认柱上负荷开关在断开状态，1 号电工、2 号电工连接柱上负荷开关引流线，并恢复导线、引流线绝缘遮蔽（见图 8－28）。

图 8－28　连接柱上负荷开关引流线

9）1 号电工将绝缘斗调整到合适位置，合上柱上开关，并通过操动机构位置和电流检测仪逐相测量柱上负荷开关三相引线电流，并确认每一相分流的负荷电流不小于原线路负荷电流的 1/3（见图 8－29）。

图 8－29　测量三相引线电流

10）1 号电工、2 号电工调整绝缘斗到近边相绝缘引流线处，两侧同时拆除绝缘引流线，并恢复绝缘遮蔽。其余两相绝缘引流线按相同方法拆除。三相的顺序也可按由近到远或先两边相再中间相进行（见图 8-30）。

图 8-30　拆除绝缘引流线

11）按照“从远到近、从上到下、先接地体后带电体”的原则依次拆除绝缘遮蔽，绝缘斗退出有电区域，作业人员返回地面（见图 8-31）。

图 8-31　拆除绝缘遮蔽

（4）施工质量检查。

1）工作负责人指挥斗内电工检查施工质量是否满足要求。

2）工作负责人指挥斗内电工检查是否有遗留物。

3. 工作终结

（1）工作结束后工作负责人向停送电联系人汇报工作结束，并办理工作票终结手续（见图 8–32），停送电联系人向配网值班调控人员申请恢复线路重合闸。

图 8–32　办理工作票终结手续

（2）工作负责人组织作业人员清点工器具并清理施工现场，要求做到“工完、料尽、场地清”（见图 8–33）。

图 8–33　清理施工现场

4. 召开班后会

（1）工作负责人对施工质量、安全措施落实情况、作业流程进行现场点评（见图 8－34）。

图 8－34　现场点评

（2）工作负责人对作业人员的熟练程度、规范性进行点评。

5. 工器具入库

作业结束后，作业人员需将工器具归还入库，并办理入库手续（见图 8－35）。

图 8－35　工器具入库

6. 资料整理

（1）工作负责人将工作票录入 PMS 系统（见图 8－36）。

图 8－36 工作票录入

（2）工作负责人将纸质资料进行归档保管，需归档资料如下：

1）工作票（见图 8－37）。

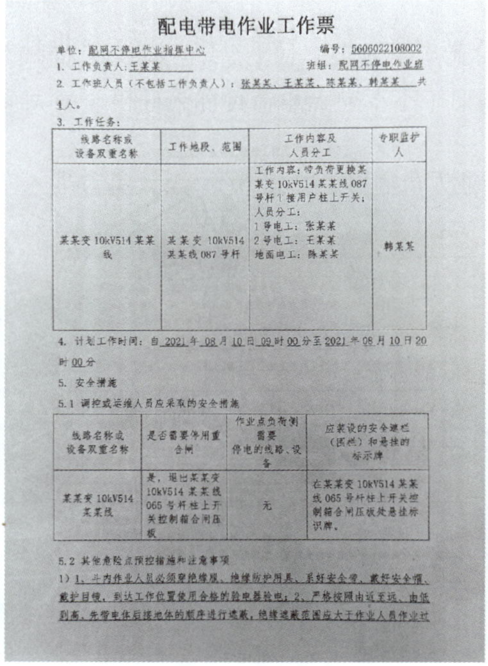

配电带电作业工作票

单位：配网不停电作业指挥中心　　编号：5606022108002

1. 工作负责人：王某某　　班组：配网不停电作业班

2. 工作班人员（不包括工作负责人）：张某某、王某某、陈某某、韩某某 共4人。

3. 工作任务：

线路名称或设备双重名称	工作地段、范围	工作内容及人员分工	专职监护人
某某变 10kV514 某某线	某某变 10kV514 某某线 087 号杆	工作内容：带负荷更换某某变 10kV514 某某线 087 号杆 1 接用户柱上开关； 人员分工： 1 号电工：张某某 2 号电工：王某某 地面电工：陈某某	韩某某

4. 计划工作时间：自 2021 年 08 月 10 日 09 时 00 分至 2021 年 08 月 10 日 20 时 00 分

5. 安全措施

5.1 调控或运维人员应采取的安全措施

线路名称或设备双重名称	是否需要停用重合闸	作业点负荷侧需要停电的线路、设备	应装设的安全遮栏（围栏）和悬挂的标示牌
某某变 10kV514 某某线	是，退出某某变 10kV514 某某线 065 号杆柱上开关控制箱合闸压板	无	在某某变 10kV514 某某线 065 号杆柱上开关控制箱合闸压板处悬挂标识牌。

5.2 其他危险点预控措施和注意事项

1）1、斗内作业人员必须穿绝缘服、绝缘防护用具、系好安全带、戴好安全帽、戴护目镜，到达工作位置使用合格的验电器验电；2、严格按照由近至远、由低到高、先带电体后接地体的顺序进行遮蔽，绝缘遮蔽范围应大于作业人员作业过

图 8－37 工作票

2）现场勘察记录（见图 8－38）。

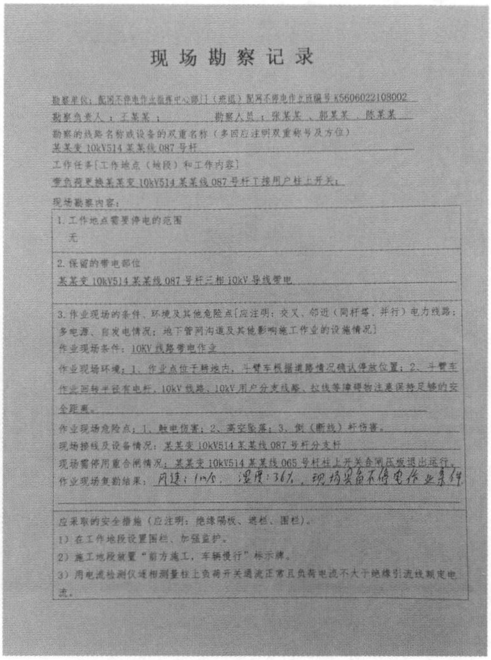

现场勘察记录

勘察单位：配网不停电作业指挥中心部门（班组）配网不停电作业班编号 K5606022108002

勘察负责人：王某某；　　勘察人员：张某某、郭某某、陈某某

勘察的线路名称或设备的双重名称（多回应注明双重称号及方位）

某某变 10kV514 某某线 087 号杆

工作任务[工作地点（地段）和工作内容]

带负荷更换某某变 10kV514 某某线 087 号杆 T 接用户柱上开关；

现场勘察内容：

1. 工作地点需要停电的范围

无

2. 保留的带电部位

某某变 10kV514 某某线 087 号杆三相 10kV 导线带电

3. 作业现场的条件、环境及其他危险点[应注明：交叉、邻近（同杆塔、并行）电力线路；多电源、自发电情况；地下管网沟道及其他影响施工作业的设施情况]

作业现场条件：10KV 线路带电作业

作业现场环境：1、作业点位于耕地内，斗臂车根据道路情况确认停放位置；2、斗臂车作业回转半径有电杆、10kV 线路、10kV 用户分支线路、拉线等障碍物注意保持足够的安全距离。

作业现场危险点：1、触电伤害；2、高空坠落；3、倒（断线）杆伤害。

现场接线及设备情况：某某变 10kV514 某某线 087 号杆分支杆

现场需停用重合闸情况：某某变 10kV514 某某线 065 号杆柱上开关合闸压板退出运行。

作业现场复勘结果：风速：1m/s，湿度：36%，现场具备不停电作业条件

应采取的安全措施（应注明：绝缘隔板、遮栏、围栏）。

1）在工作地段设置围栏、加强监护。

2）施工地段放置"前方施工，车辆慢行"标示牌。

3）用电流检测仪逐相测量柱上负荷开关通流正常且负荷电流不大于绝缘引流线额定电流。

图 8－38　现场勘察记录

3）作业指导书（见图 8－39）。

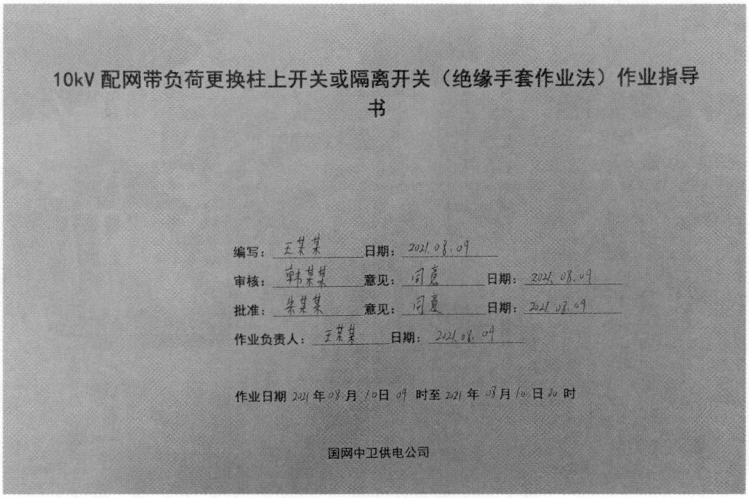

10kV 配网带负荷更换柱上开关或隔离开关（绝缘手套作业法）作业指导书

编写：王某某　日期：2021.08.09

审核：韩某某　意见：同意　日期：2021.08.09

批准：朱某某　意见：同意　日期：2021.08.09

作业负责人：王某某　日期：2021.08.09

作业日期 2021 年 08 月 10 日 09 时至 2021 年 08 月 10 日 20 时

国网中卫供电公司

图 8－39　作业指导书

第三节　安全措施及注意事项

1. 气象条件

带电作业应在良好天气下进行，风力大于5级或湿度大于80%时，不宜带电作业。若遇雷电、雪、雹、雨、雾等不良天气，禁止带电作业。带电作业过程中若遇天气突然变化，有可能危及人身安全及设备安全时，应立即停止工作，撤离人员，恢复设备正常状况或采取临时安全措施。

2. 作业环境

（1）本作业步骤只针对单杆加隔离开关架构方式，在进行双杠或单杆不加隔离开关的柱上开关更换时，应根据现场情况做好相应安全措施。

（2）在车辆繁忙地段应与交通管理部门联系以取得配合。

3. 安全距离及有效绝缘长度

（1）作业中，绝缘斗臂车绝缘臂的有效绝缘长度不应小于1.0m，绝缘杆的有效绝缘长度不应小于0.7m。

（2）起吊柱上负荷开关时，吊车吊臂与有电线路保持1.5m以上的安全距离。

（3）作业中，人体应保持对地距离不小于0.4m、对邻相导线不小于0.6m的安全距离，如不能确保该安全距离时，应采用绝缘遮蔽措施，遮蔽用具之间的重叠部分不得小于150mm。

4. 作业关键点

（1）本项目需停用线路重合闸。

（2）作业人员在进行换相工作转移前，应得到监护人的许可。

（3）带电断、接引线时，作业人员应戴护目镜，保持带电引线对地及邻相引线的安全距离。

（4）作业时，严禁人体同时接触两个不同的电位体；绝缘斗内两人工作时禁止两人接触不同的电位体。

（5）旁路负荷开关及旁路电缆检测绝缘电阻及断开旁路高压引下电缆后应充分放电。

（6）旁路高压引下电缆的引流线夹应以最远距离挂接，以满足构建最大停电作业区间。挂接处应对旁路高压引下电缆的引流线夹进行绝缘遮蔽。

（7）断、接旁路高压引下电缆时，旁路负荷开关应处于断开状态。

（8）有避雷器一侧的开关引线，需用绝缘锁杆配合断、接工作，防止人体串入电路或泄漏电流拉弧伤人。

（9）利用绝缘斗臂车绝缘小吊作业，在起吊柱上开关时应先试吊，移动过程要平稳、缓慢进行。

（10）断、接柱上开关引线时，电压互感器应退出运行。

（11）带负荷更换隔离开关可用绝缘引流线短接。

（12）使用硬质绝缘紧线器收紧导线时应确认紧线器两端卡线器性能完好，卡线牢固并使用绝缘保险绳作为后备保护，防止跑线。

（13）切断导线时要防止线头摆动。切断的导线端头应使用导线端头遮蔽罩。

（14）使用导线接续管进行导线承力接续时，应严格按照工艺要求施工，防止压接不良导致接头发热或承力不足。

5. 其他注意事项

（1）作业前应进行现场勘察。

（2）当绝缘斗臂车绝缘斗在有电区域内转移时，应缓慢移动，动作要平稳，严禁使用快速挡；绝缘斗臂车在作业时，发动机不能熄火（电能驱动型除外），以保证液压系统处于工作状态。

（3）作业线路下层有低压线路同杆并架时，如妨碍作业，应对作业范围内的相关低压线路采取绝缘遮蔽措施。

（4）在同杆架设线路上工作，与上层线路小于安全距离规定且无法采取安全措施时，不得进行该项工作。

（5）上、下传递工具、材料均应使用绝缘绳传递，严禁抛掷。

（6）作业过程中禁止摘下绝缘防护用具。

第九章　带负荷直线杆改耐张杆

本内容围绕配电线路检修中开展的带负荷直线杆改耐张杆工作进行介绍，重点讲解绝缘手套作业法带负荷直线杆改耐张杆的作业流程（涵盖技术要领、安全措施和注意事项）、作业原理、人员组合以及工器具配备等问题。

该作业项目的作业原理见图9－1。

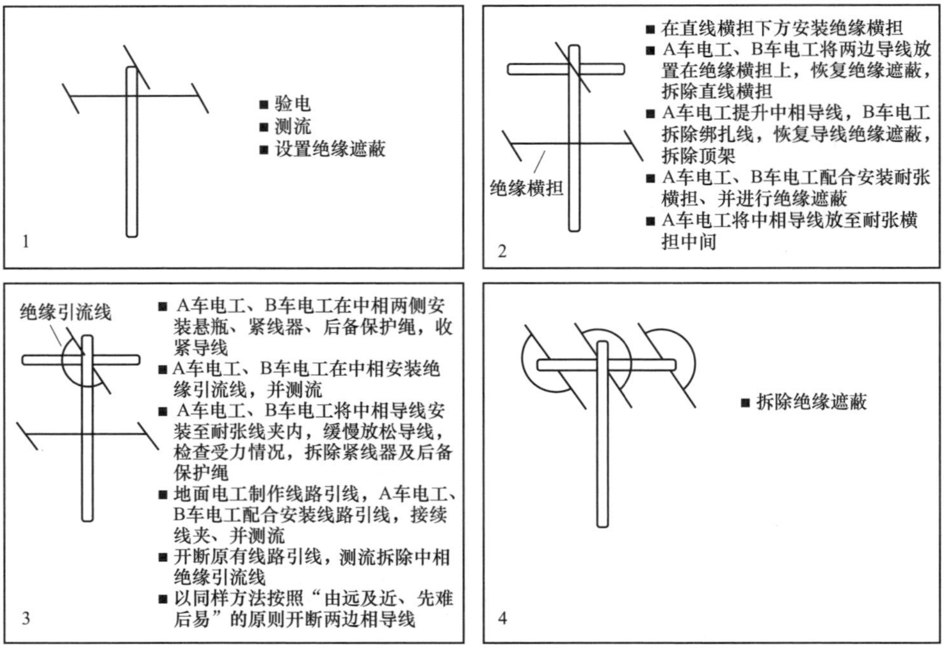

图9－1　作业原理图

第一节　作 业 梗 概

1. 人员组合

本项目需 5 人，具体分工见表 9–1。

表 9–1　　具 体 人 员 分 工

人员分工	人数（人）
工作负责人	1
斗内电工（1 号、2 号、3 号、4 号电工）	4
地面电工	2
专责监护人	1

2. 作业方法

绝缘手套作业法。

3. 主要工器具配备

主要工器具配备见表 9–2。

表 9–2　　主 要 工 器 具 配 备

序号	工器具名称		参考图	规格、型号	数量	备注
1	特种车辆	绝缘斗臂车		10kV	2 辆	
2	绝缘防护用具	绝缘手套	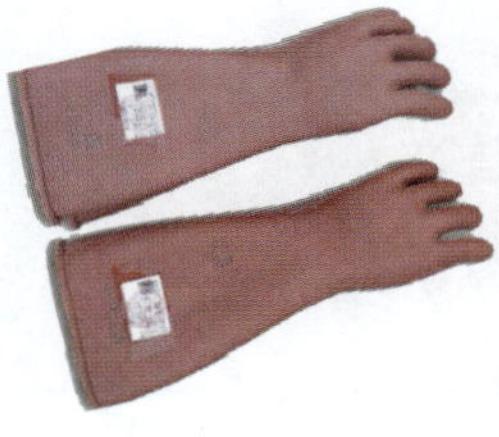	10kV	4 双	带防护手套

续表

序号	工器具名称		参考图	规格、型号	数量	备注
3	绝缘防护用具	绝缘安全帽		10kV	4顶	
4		绝缘披肩		10kV	4套	
5		绝缘安全带		10kV	4副	
6	绝缘遮蔽用具	导线遮蔽罩		10kV	若干	
7		绝缘毯		10kV	若干	
8	绝缘工具	绝缘传递绳		12mm	2根	15m

续表

序号	工器具名称		参考图	规格、型号	数量	备注
9	绝缘工具	绝缘引流线		3m 以上，10kV	3 根	
10		绝缘紧线器	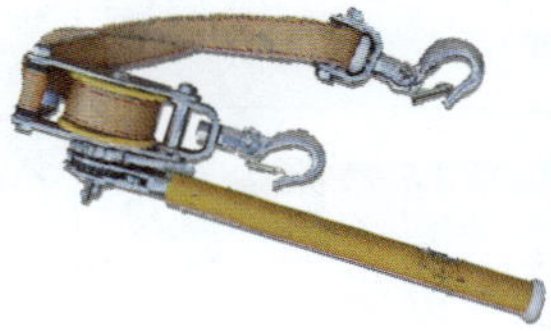	—	2 套	
11		绝缘横担		10kV	1 套	
12		绝缘后备保护绳		—	1 套	
13		绝缘绳套		—	2 根	
14	其他	卡线器	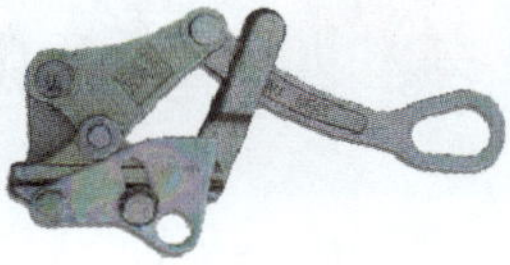	—	4 个	

续表

序号	工器具名称		参考图	规格、型号	数量	备注
15	其他	电流检测仪		—	1 套	
16		绝缘电阻测试仪		2500V 及以上	1 套	
17		验电器		10kV	1 套	
18		耐张线夹	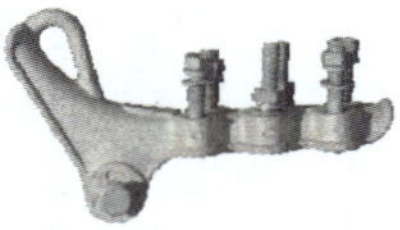	—	6 个	

第二节　作　业　过　程

1. 作业前准备

（1）工具储运和检测。

1）领用绝缘工器具、安全用具及辅助器具，应核对工器具的使用电压等级和试验周期，并检查外观完好无损（见图 9-2）。

图 9-2　工器具存放图

2）工器具运输在过程中，应存放在专用工具袋、工具箱或工具车内，以防受潮和损伤（见图 9–3）。

（2）现场操作前的准备。

图 9–3 工器具放专用工具箱

1）工作负责人核对线路名称、杆号（见图 9–4）。

图 9–4 核对线路名称、杆号

2）工作负责人检查作业点和两侧的电杆根部、基础是否牢固、导线绑扎是否牢固（见图 9–5）。检查作业装置和现场环境符合带电作业条件。

图 9－5　检查电杆根部

3）工作负责人按配电带电作业工作票内容与值班调控人员联系，申请停用线路重合闸（见图 9－6）。

图 9－6　负责人联系值班调控人员

4）绝缘斗臂车进入合适位置，并可靠接地（见图 9－7）；根据道路情况设置安全围栏、警告标志或路障。

图 9-7 车辆接地

5）工作负责人召集工作人员开班前会交代工作任务，对工作班成员进行危险点告知，交代安全措施和技术措施，确认每一个工作班成员都已知晓，检查工作班成员精神状态是否良好，工作人员是否合适（见图 9-8）。

图 9-8 召开班前会

6）整理材料，对安全用具、绝缘工具进行检查，对绝缘工具应使用绝缘测试仪进行分段绝缘检测，绝缘电阻值不低于 700MΩ（见图 9-9）。擦拭绝缘臂、绝缘斗，绝缘斗臂车空斗试操。

图 9-9　分段检测工器具

2. 操作过程

（1）斗内电工进入斗内，并做准备。

1）工作负责人对斗内作业人员穿戴进行检查（见图 9-10）。

图 9-10　穿戴检查

2）工作负责人对斗内作业人员安全带挂接情况进行检查（见图 9-11）。

图 9－11　安全带挂接检查

3）地面电工配合将工器具转移至绝缘斗内，应注意以下几点：

a. 绝缘毯用绝缘夹加以固定（见图 9－12）。

b. 工器具应放置在专用的工具袋（箱）内（见图 9－13）。

c. 斗内作业人员严禁踩踏绝缘工器具（见图 9－14）。

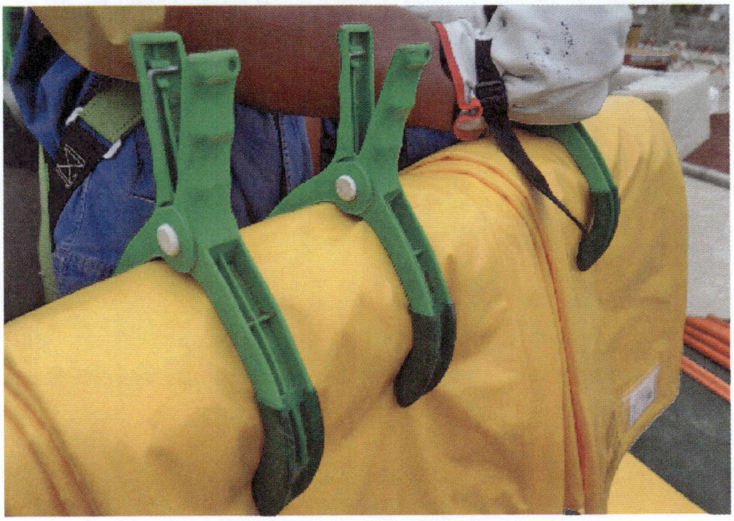

图 9－12　用绝缘夹加以固定

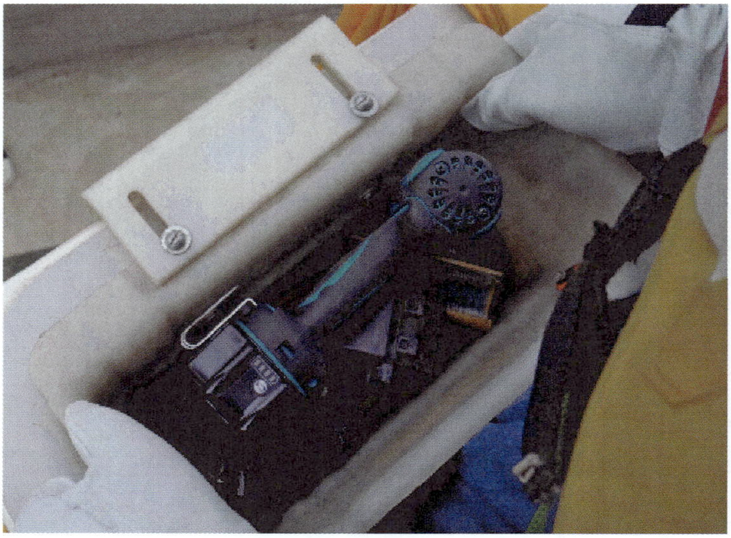

图 9-13　放置专用工具袋

图 9-14　严禁踩踏绝缘工器具

（2）验电。

1）验电注意事项。

a. 通过验电器自检按钮检查确认良好（见图 9-15）。

图 9－15　验电器确认良好

b. 条件允许的情况下，在带电体的裸露部分验电确认验电器良好。

c. 将伸缩式验电器全部拉出，确保绝缘有效长度不小于 0.7m（见图 9－16）。

图 9－16　有效长度不小于 0.7m

2）验电内容。斗内电工调整至带电导线横担下侧适当位置，使用验电器按照“导线→绝缘子→横担”的顺序对带电体及接地体进行验电，确认有无漏电现象（见图 9－17）。

图 9-17　验电

3）将验电结果向工作负责人进行汇报。若有漏电现象则及时报告工作负责人，终止工作；若无漏电现象则报告工作负责人，正常开展工作（见图 9-18）。

图 9-18　汇报验电结果

（3）带负荷直线杆改耐张杆。

1）斗内电工用电流检测仪测量架空线路负荷电流，确认电流不超过绝缘引流线额定电流（见图 9-19）。

图 9－19　测量导线通流情况

2）A 车电工、B 车电工按照“从近到远、从下到上、先带电体后接地体”的遮蔽原则对作业范围内的所有带电体和接地体进行绝缘遮蔽。设置绝缘遮蔽应注意：

a. 设置导线遮蔽时，防止导线大幅度晃动引起相间短路（见图 9－20）。

图 9－20　导线大幅度晃动

b. 设置导线遮蔽时，注意人体与带电体、接地体安全距离，防止发生人身触电（见图 9－21）。

图 9－21　注意安全距离

3）A 车电工、B 车电工在直线横担下方适当位置装设绝缘横担，B 车电工使用绝缘小吊吊住近边相导线，A 车电工解开近边相导线绑扎线后，遮蔽罩对接并将开口向上。B 车电工起升小吊将导线缓慢提升并放置在近边相绝缘横担线槽内，绝缘遮蔽（见图 9－22）。远边相按照相同方法放置在绝缘横担线槽内。两车相互配合拆除直线横担。

图 9－22　两边相导线放至绝缘横担上

4）B 车电工使用绝缘小吊吊住中相导线，A 车电工解开中相导线绑扎线后，遮蔽罩对接并将开口向上（见图 9－23）。B 车电工起升小吊将导线缓慢提升至距中间相绝缘子 0.4m 以外。

图 9－23　对接遮蔽罩

5）A 车电工拆除中间相绝缘子及顶架，安装耐张横担、悬瓶及耐张附件，并对杆身、新安装的耐张横担、悬瓶及耐张附件进行绝缘遮蔽（见图 9－24）。

图 9－24　安装耐张横担

6）B 车电工缓慢下降小吊将中相导线放至耐张横担中间，解开小吊绳（见图 9－25）。

图 9-25　中间相导线放至耐张横担上

7）A 车电工、B 车电工配合进行中相导线的开断工作：

a. A 车电工、B 车电工调整工作位置，分别位于中间相导线的两侧，拆除部分中间相导线遮蔽罩，在中间相导线两侧安装好绝缘紧线器及后备保护绳，及时恢复遮蔽，操作绝缘紧线器将导线收紧，同时收紧后备保护绳（见图 9-26）。

图 9-26　安装绝缘紧线器及后备保护绳

b. 在中间相导线安装绝缘引流线（见图 9-27），用电流检测仪检测电流，确认绝缘引流线通流正常，绝缘引流线与导线连接应牢固可靠，并可靠固定。绝缘引流线及中间相线路引线分流的负荷电流不应小于原线路负荷电流的1/3。

图9-27　安装绝缘引流线

c. A车电工、B车电工配合将中间相两侧导线安装至耐张线夹中（见图9-28），斗内电工缓慢放松两侧绝缘紧线器，使两侧耐张线夹、悬瓶及耐张附件受力。

图9-28　导线固定在耐张线夹内

d. A 车电工、B 车电工拆除中相绝缘紧线器及后备保护绳，恢复绝缘遮蔽（见图 9－29）。

图 9－29　拆除绝缘紧线器及后备保护绳

8）A 车电工、B 车电工配合进行中相线路引线的接续工作：

a. 地面电工根据斗内电工的测量结果制作线路引线。A 车电工、B 车电工配合安装中间相线路引线和接续线夹（见图 9－30），并恢复绝缘遮蔽；

图 9－30　安装接续线夹

b. 用电流检测仪检测电流，确认安装好的中间相线路引线通流正常（见图 9－31）。

图 9－31　确认通流正常

9）开断中间相原有线路引线：

a. 检查耐张串受力及绝缘遮蔽情况，确认无误后，A 车电工、B 车电工相互配合开断原有中间相线路引线。

b. 用电流检测仪检测电流，确认中间相线路引线通流正常，绝缘引流线及中间相线路引线分流的负荷电流不应小于中间相线路总负荷电流的 1/3。

10）A 车电工、B 车电工相互配合同时拆除绝缘引流线，恢复绝缘遮蔽（见图 9－32）。

图 9－32　拆除绝缘引流线

11）A 车电工、B 车电工相互配合，以同样的方法按照“由远及近、先难后易”的原则逐相开断两边相导线（见图 9－33）。

图 9－33　开断后的三相导线

（4）拆除绝缘遮蔽。按照“从远到近、从上到下、先接地体后带电体”的原则依次拆除绝缘遮蔽，绝缘斗退出有电区域，作业人员返回地面（见图 9－34）。

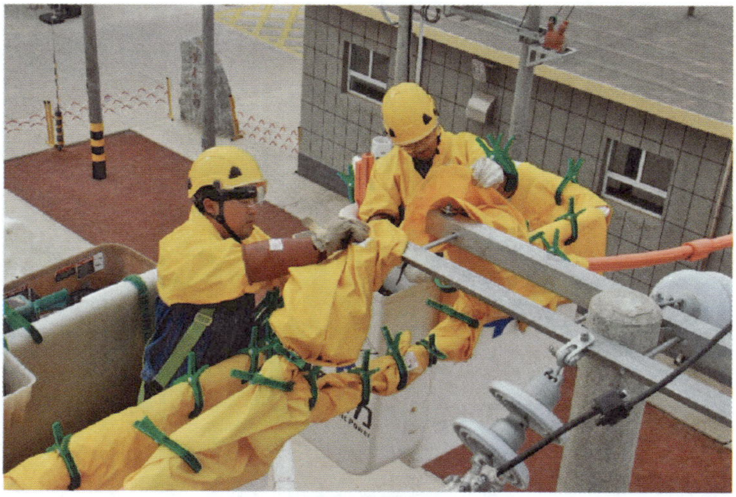

图 9－34　拆除绝缘遮蔽

（5）施工质量检查。

1）工作负责人指挥斗内电工检查施工质量是否满足要求；

2）工作负责人指挥斗内电工检查是否有遗留物。

3. 工作终结

（1）工作结束后工作负责人向停送电联系人汇报工作结束，并办理工作票终结手续（见图 9–35），停送电联系人向配电网值班调控人员申请恢复线路重合闸。

图 9–35　办理工作票终结手续

（2）工作负责人组织作业人员清点工器具并清理施工现场，要求做到“工完、料尽、场地清”（见图 9–36）。

图 9–36　清理施工现场

4. 召开班后会

（1）工作负责人对施工质量、安全措施落实情况、作业流程进行现场点评（见图 9－37）。

（2）工作负责人对作业人员的熟练程度、规范性进行点评。

图 9－37　现场点评

5. 工器具入库

作业结束后，作业人员需将工器具归还入库，并办理入库手续（见图 9－38）。

图 9－38　工器具入库

6. 资料整理

（1）工作负责人将工作票录入 PMS 系统（见图 9－39）。

图 9－39　工作票录入

（2）工作负责人将纸质资料进行归档保管，需归档资料如下：

1）工作票（见图 9－40）。

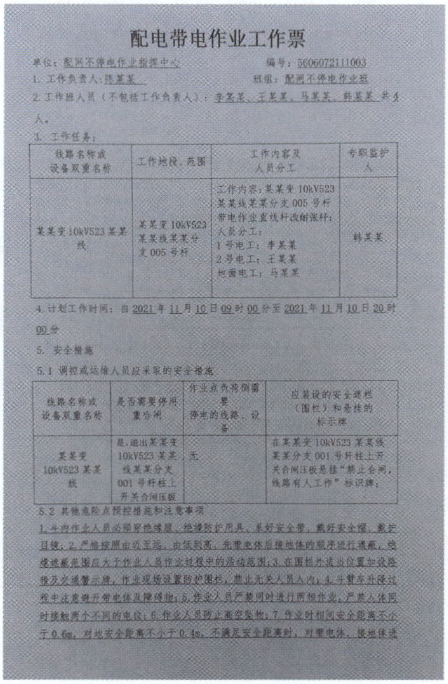

配电带电作业工作票

单位：配网不停电作业指挥中心　　编号：5606072111003

1. 工作负责人：陈某某　　班组：配网不停电作业班

2. 工作班人员（不包括工作负责人）：李某某、王某某、马某某、韩某某 共 4 人。

3. 工作任务：

线路名称或设备双重名称	工作地段、范围	工作内容及人员分工	专职监护人
某某变 10kV523 某某线	某某变 10kV523 某某线某某分支 005 号杆	工作内容：某某变 10kV523 某某线某某分支 005 号杆带电作业直线杆改耐张杆； 人员分工： 1 号电工：李某某 2 号电工：王某某 地面电工：马某某	韩某某

4. 计划工作时间：自 2021 年 11 月 10 日 09 时 00 分至 2021 年 11 月 10 日 20 时 00 分

5. 安全措施

5.1 调控或运维人员应采取的安全措施

线路名称或设备双重名称	是否需要停用重合闸	作业点负荷侧需要停电的线路、设备	应装设的安全遮栏（围栏）和悬挂的标示牌
某某变 10kV523 某某线	是，退出某某变 10kV523 某某线某某分支 001 号杆柱上开关合闸压板	无	在某某变 10kV523 某某线某某分支 001 号杆柱上开关合闸压板悬挂“禁止合闸，线路有人工作”标识牌；

5.2 其他危险点预控措施和注意事项

1. 斗内作业人员必须穿绝缘服、绝缘防护用具、系好安全带，戴好安全帽，戴护目镜；2. 严格按照由近至远、由低到高、先带电体后接地体的顺序进行遮蔽，绝缘遮蔽范围应大于作业人员作业过程中的活动范围；3. 在围栏外适当位置加设路锥及交通警示牌，作业现场设置防护围栏，禁止无关人员入内；4. 斗臂车升降过程中注意避开带电体及障碍物；5. 作业人员严禁同时进行两相作业，严禁人体同时接触两个不同的电位；6. 作业人员防止高空坠物；7. 作业时相间安全距离不小于 0.6m，对地安全距离不小于 0.4m，不满足安全距离时，对带电体、接地体进

图 9－40　工作票

2）现场勘察记录（见图9－41）。

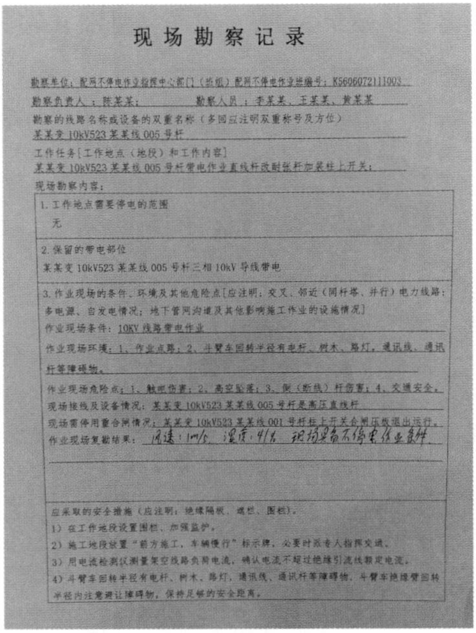

现 场 勘 察 记 录

勘察单位：配网不停电作业指挥中心部门（班组）配网不停电作业班编号：K5606072111003

勘察负责人：陈某某；　　勘察人员：李某某、王某某、黄某某

勘察的线路名称或设备的双重名称（多回应注明双重称号及方位）

某某变10kV523某某线005号杆

工作任务[工作地点（地段）和工作内容]

某某变10kV523某某线005号杆带电作业直线杆改耐张杆加装柱上开关；

现场勘察内容：

1. 工作地点需要停电的范围 无
2. 保留的带电部位 某某变10kV523某某线005号杆三相10kV导线带电
3. 作业现场的条件、环境及其他危险点[应注明：交叉、邻近（同杆塔、并行）电力线路；多电源、自发电情况；地下管网沟道及其他影响施工作业的设施情况] 作业现场条件：10KV线路带电作业 作业现场环境：1、作业点路；2、斗臂车回转半径有电杆、树木、路灯，通讯线、通讯杆等障碍物。 作业现场危险点：1、触电伤害；2、高空坠落；3、倒（断线）杆伤害；4、交通安全。 现场接线及设备情况：某某变10kV523某某线005号杆是高压直线杆 现场需停用重合闸情况：某某变10kV523某某线001号杆柱上开关合闸压板退出运行。 作业现场复勘结果：风速：1m/s，湿度：41%，现场具备不停电作业条件。
应采取的安全措施（应注明：绝缘隔板、遮栏、围栏）。 1）在工作地段设置围栏、加强监护。 2）施工地段放置“前方施工，车辆慢行”标示牌，必要时派专人指挥交通。 3）用电流检测仪测量架空线路负荷电流，确认电流不超过绝缘引流线额定电流。 4）斗臂车回转半径有电杆、树木、路灯，通讯线、通讯杆等障碍物，斗臂车绝缘臂回转半径内注意避让障碍物，保持足够的安全距离。

图9－41　现场勘察记录

3）作业指导书（见图9－42）。

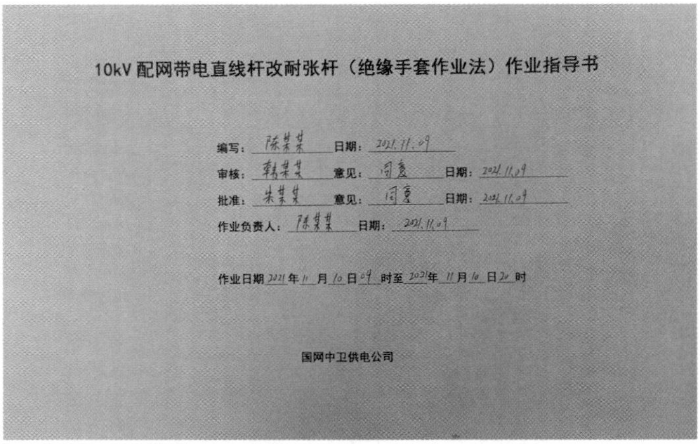

10kV配网带电直线杆改耐张杆（绝缘手套作业法）作业指导书

编写：陈某某　日期：2021.11.09

审核：韩某某　意见：同意　日期：2021.11.09

批准：朱某某　意见：同意　日期：2021.11.09

作业负责人：陈某某　日期：2021.11.09

作业日期2021年11月10日09时至2021年11月10日20时

国网中卫供电公司

图9－42　作业指导书

第三节　安全措施及注意事项

1. 气象条件

带电作业应在良好天气下进行，风力大于 5 级或湿度大于 80%时，不宜带电作业。若遇雷电、雪、雹、雨、雾等不良天气，禁止带电作业。带电作业过程中若遇天气突然变化，有可能危及人身安全及设备安全时，应立即停止工作，撤离人员，恢复设备正常状况或采取临时安全措施。

2. 作业环境

（1）在车辆繁忙地段应与交通管理部门联系以取得配合。

（2）本规程适用于单回路线路。

3. 安全距离及有效绝缘长度

（1）作业中，绝缘斗臂车绝缘臂的有效绝缘长度不应小于 1.0m，绝缘承力工具有效绝缘长度不应小于 0.4m。

（2）作业中，人体应保持对地距离不小于 0.4m、对邻相导线不小于 0.6m 的安全距离，如不能确保该安全距离时，应采用绝缘遮蔽措施，遮蔽用具之间的重叠部分不得小于 150mm。

4. 作业关键点

（1）本项目需停用线路重合闸。

（2）作业人员在接触带电导线前和进行换相作业转移前，应得到监护人的许可。

（3）作业时，严禁人体同时接触两个不同的电位体；绝缘斗内两人工作时禁止两人接触不同的电位体。

（4）提升或下降导线时，应平稳进行。

（5）在导线收紧后开断导线前，应加设防导线脱落的后备保护安全措施。

（6）在进行三相导线开断前，应检查绝缘引流线连接可靠，并应得到工作监护人的许可。

（7）三相导线的连接工作未完成前，绝缘引流线不得拆除。

（8）组装、拆除绝缘引流线及紧线、开断导线应同相同步进行。

5. 其他注意事项

（1）作业前应进行现场勘察。

（2）当斗臂车绝缘斗在有电区域转移时，应缓慢移动，动作要平稳，严禁使用快速挡；绝缘斗臂车在作业时，发动机不能熄火（电能驱动型除外），以保证液压系统处于工作状态。

（3）作业线路下层有低压线路同杆并架时，如妨碍作业，应对作业范围内的相关低压线路采取绝缘遮蔽措施。

（4）在同杆架设线路上工作，与上层线路小于安全距离规定且无法采取安全措施时，不得进行该项工作。

（5）上、下传递工具、材料均应使用绝缘绳传递，严禁抛、扔掷。

（6）作业过程中禁止摘下绝缘防护用具。

第十章　带电断空载电缆线路与架空线路连接引线

本内容围绕配电线路检修中开展的带电断空载电缆线路与架空线路连接引线工作进行介绍，重点讲解绝缘手套作业法、绝缘杆作业法（以高空作业车为移动平台）带电断空载电缆线路与架空线路连接引线的作业流程（涵盖技术要领、安全措施和注意事项）、作业原理、人员组合以及工器具配备等问题。

该作业项目的作业原理见图10－1。

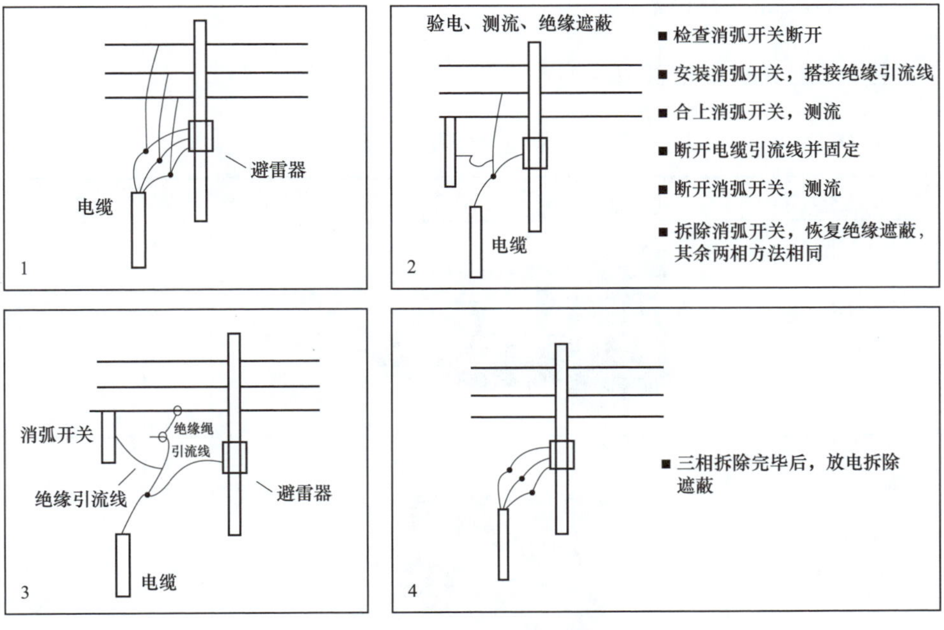

图10－1　作业原理图

第一节 作 业 梗 概

1. 人员组合

本项目需 4 人，具体分工见表 10－1。

表 10－1　　具 体 人 员 分 工

人员分工	人数（人）
工作负责人（兼工作监护人）	1
斗内电工	2
地面电工	1

2. 作业方法

绝缘手套作业法、绝缘杆作业法（以高空作业车为移动平台）。

3. 主要工器具配备

主要工器具配备见表 10－2。

表 10－2　　主 要 工 器 具 配 备

序号	工器具名称		参考图	规格、型号	数量	备注
1	特种车辆	绝缘斗臂车		10kV	1 辆	
2	绝缘防护用具	绝缘手套	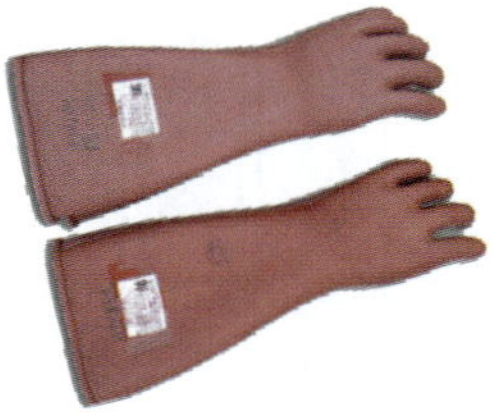	10kV	2 双	戴防护手套

续表

序号	工器具名称		参考图	规格、型号	数量	备注
3	绝缘防护用具	绝缘安全帽		10kV	4 顶	
4		绝缘披肩		10kV	2 套	
5		绝缘安全带		10kV	2 副	
6	绝缘遮蔽用具	导线遮蔽罩		10kV	4 根	
7		引流线遮蔽罩		10kV	3 个	
8		绝缘毯		10kV	21 块	
9	其他	绝缘传递绳		12mm	1 根	15m

续表

序号	工器具名称		参考图	规格、型号	数量	备注
10	其他	消弧开关		—	1 套	带绝缘引流线
11		绝缘操作杆		—	1 套	
12		放电棒		—	1 根	
13		电流检测仪		高压	1 套	
14		绝缘电阻测试仪	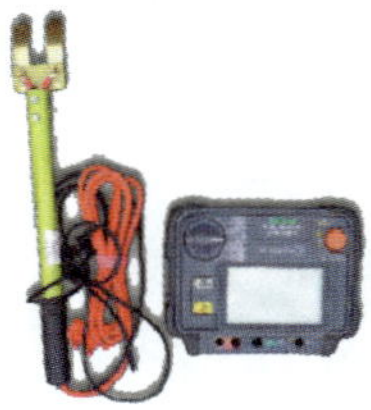	2500V 及以上	1 套	
15		验电器		10kV	1 套	

第二节　作　业　过　程

1. 作业前准备

（1）工具储运和检测。

1）领用绝缘工器具、安全用具及辅助器具，应核对工器具的使用电压等级和试验周期，并检查外观完好无损（见图 10－2）。

图 10－2　工器具存放图

2）工器具运输在过程中，应存放在专用工具袋、工具箱或工具车内，以防受潮和损伤（见图 10－3）。

图 10－3　工器具放专用工具箱

（2）现场操作前的准备。

1）工作负责人核对线路名称、杆号（见图 10－4）。

图 10－4　核对线路名称、杆号

2）工作负责人与运行单位共同确认电缆负荷侧的开关或隔离开关等已断开、电缆线路已空载且无接地，检查作业装置和现场环境符合带电作业条件。

3）工作负责人按配电带电作业工作票内容与值班调控人员联系，申请停用线路重合闸（见图 10－5）。

图 10－5　负责人联系值班调控人员

4）绝缘斗臂车进入合适位置，并可靠接地（见图 10－6）；根据道路情况设置安全围栏、警告标志或路障。

图 10－6　车辆接地

5）工作负责人召集工作人员开班前会交代工作任务，对工作班成员进行危险点告知，交代安全措施和技术措施，确认每一个工作班成员都已知晓并签名确认，检查工作班成员精神状态是否良好（见图 10－7）。

图 10－7　召开班前会

6）整理材料，对安全用具、绝缘工具进行检查，对绝缘工具应使用绝缘测试仪进行分段绝缘检测，绝缘电阻值不低于 700MΩ（见图 10－8）。擦拭绝缘臂、绝缘斗，绝缘斗臂车空斗试操。

图 10－8　分段检测工器具

2. 操作过程

（1）斗内电工进入斗内，并做准备。

1）工作负责人对斗内作业人员穿戴进行检查（见图 10－9）。

图 10－9　穿戴检查

2）工作负责人对斗内作业人员安全带挂接情况进行检查（见图 10－10）。

图 10－10　安全带挂接检查

3）地面电工配合将工器具转移至绝缘斗内，应注意以下几点：

a. 绝缘毯用绝缘夹加以固定（见图 10－11）。

b. 工器具应放置在专用的工具袋（箱）内（见图 10－12）。

c. 斗内作业人员严禁踩踏绝缘工器具（见图 10－13）。

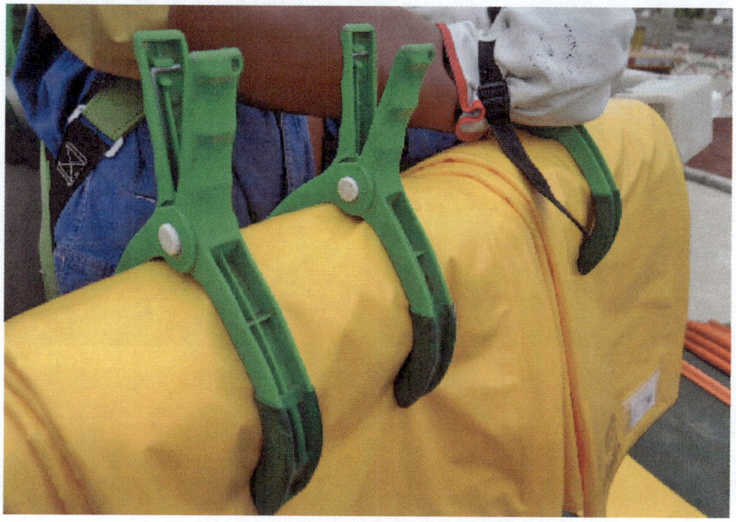

图 10－11　用绝缘夹加以固定

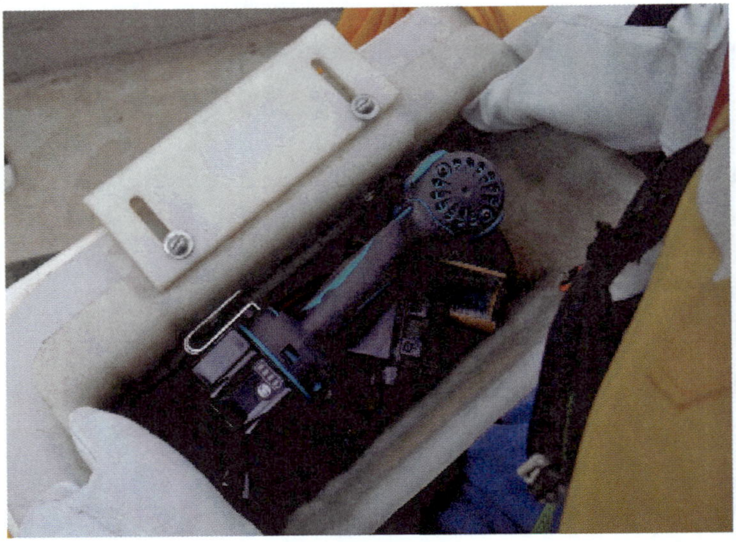

图 10-12 放置专用工具袋

图 10-13 严禁踩踏绝缘工器具

（2）验电。

1）验电注意事项。

a. 通过验电器自检按钮检查确认良好（见图 10-14）。

图 10－14　验电器确认良好

b. 在条件允许的情况下，在带电体的裸露部分验电确认验电器良好。

c. 将伸缩式验电器全部拉出，确保绝缘有效长度不小于 0.7m（见图 10－15）。

图 10－15　有效绝缘长度不小于 0.7m

2）验电内容。斗内电工调整至带电导线横担下侧适当位置，使用验电器按照“导线→绝缘子→横担”的顺序对带电体及接地体进行验电，确认有无漏电现象（见图 10－16）。

图 10－16　验电

3）将验电结果向工作负责人进行汇报。若有漏电现象则及时报告工作负责人，终止工作；若无漏电现象则报告工作负责人，正常开展工作（见图 10－17）。

图 10－17　汇报验电结果

（3）带电断空载电缆线路与架空线路连接引线。

1）斗内电工使用电流检测仪逐相测量三相出线电缆电流，每相电流应小于 5A 斗内电工使用电流检测仪逐相测量三相出线电缆电流，确认待断电缆连

接线无负荷电流通过，空载电流不应大于 5A（见图 10－18)。(若空载电流小于 0.1A 可直接开断电缆引流线）

图 10－18 确认待断电缆无负荷

2）斗内电工按照“从近到远、从下到上、先带电体后接地体”的遮蔽原则对作业范围内的所有带电体和接地体进行绝缘遮蔽。三相可按由近到远或先两边相再中间相的顺序进行。设置绝缘遮蔽应注意：

a. 设置导线遮蔽时，防止导线大幅度晃动引起相间短路（见图 10－19)。

图 10－19 导线大幅度晃动

b. 设置导线遮蔽时，注意人体与带电体、接地体安全距离，防止发生人身触电（见图 10－20）。

图 10－20 注意安全距离

c. 设置绝缘遮蔽时，斗内两名电工严禁同时作业（见图 10－21）。

图 10－21 禁止同时作业

3）斗内电工确认消弧开关在断开位置后，将消弧开关挂接到近边相架空导线，再次确认消弧开关处于断开位置并闭锁，恢复绝缘遮蔽。在消弧开关下端的横向导电杆上安装绝缘引流线的引流线夹，将绝缘引流线的另一端连接到同相电缆终端接线端子上或引流线上（即电缆过渡支架处电缆终端与过渡引线的连接部位），确认连接牢固后恢复绝缘遮蔽（见图 10－22）。

图 10－22　安装绝缘引流线夹

4）斗内电工调整至合适位置，在监护人同意下，打开消弧开关闭锁，合上消弧开关。使用电流检测仪测流，确认分流正常，绝缘引流线每一相分流的负荷电流应不小于原线路负荷电流的 1/3（见图 10－23）。

图 10－23　确认分流正常

5）斗内电工用绝缘绳将电缆引线接头临时固定在架空导线后，在架空导线处拆除线夹（见图 10－24）。

图 10－24 拆除线夹

6）斗内电工应将引线妥善固定，并对接头处恢复绝缘遮蔽措施（若电缆引线从耐张线夹处穿出，并与架空线路无分断点，可在电缆终端接线端子处拆引线，并用锁杆固定在同相位架空导线上）。斗内电工用绝缘操作杆断开消弧开关并闭锁（见图 10－25）。

图 10－25 固定引线、断开消弧开关

7）斗内电工将绝缘引流线从电缆终端接线端子上或引流线处取下，挂在消弧开关横向导电杆上，将消弧开关从近边相导线上取下（如导线为绝缘线还应及时恢复导线的绝缘及密封）。完成后恢复绝缘遮蔽。其余两相引线断开按相同的方法进行拆除。三相引线拆除，可按由先近后远，或根据现场情况先两侧、后中间的顺序进行（见图 10－26）。

图 10－26　三相引流线断开

8）三相引流线全部断开后，应使用放电棒对已断开的电缆进行充分放电（见图 10－27）。

图 10－27　放电棒进行充分放电

（4）拆除绝缘遮蔽。

按照“从远到近、从上到下、先接地体后带电体”的原则依次拆除绝缘遮蔽，绝缘斗退出有电区域，作业人员返回地面（见图 10－28）。

图 10－28 拆除绝缘遮蔽

（5）施工质量检查。

1）工作负责人指挥斗内电工检查施工质量是否满足要求。

2）工作负责人指挥斗内电工检查是否有遗留物。

3. 工作终结

（1）工作结束后工作负责人向停送电联系人汇报工作结束，并办理工作票终结手续（见图 10－29），停送电联系人向配网值班调控人员申请恢复线路重合闸。

图 10－29 办理工作票终结手续

（2）工作负责人组织作业人员清点工器具并清理施工现场，要求做到“工完、料尽、场地清”（见图 10－30）。

图 10-30　清理施工现场

4. 召开班后会

（1）工作负责人对施工质量、安全措施落实情况、作业流程进行现场点评（见图 10-31）。

（2）工作负责人对作业人员的熟练程度、规范性进行点评。

图 10-31　现场点评

5. 工器具入库

作业结束后，作业人员需将工器具归还入库，并办理入库手续（见图 10-32）。

图 10－32 工器具入库

6. 资料整理

（1）工作负责人将工作票录入 PMS 系统（见图 10－33）。

图 10－33 工作票录入

（2）工作负责人将纸质资料进行归档保管，需归档资料如下：

1）工作票（见图 10－34）。

2）现场勘察记录（见图 10－35）。

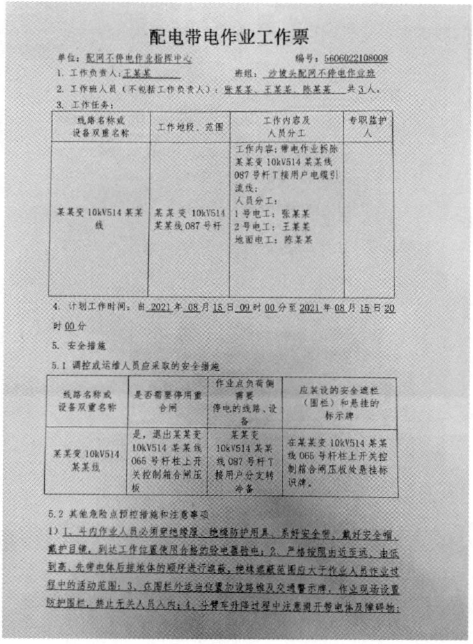

配电带电作业工作票

单位：配网不停电作业指挥中心　　编号：5606022108008

1. 工作负责人：王某某　　班组：沙坡头配网不停电作业班

2. 工作班人员（不包括工作负责人）：张某某、王某某、陈某某　共 3 人。

3. 工作任务：

线路名称或设备双重名称	工作地段、范围	工作内容及人员分工	专职监护人
某某变 10kV514 某某线	某某变 10kV514 某某线 087 号杆	工作内容：带电作业拆除某某变 10kV514 某某线 087 号杆 T 接用户电缆引流线； 人员分工： 1 号电工：张某某 2 号电工：王某某 地面电工：陈某某	

4. 计划工作时间：自 2021 年 08 月 15 日 09 时 00 分至 2021 年 08 月 15 日 20 时 00 分

5. 安全措施

5.1 调控或运维人员应采取的安全措施

线路名称或设备双重名称	是否需要停用重合闸	作业点负荷侧需要停电的线路、设备	应装设的安全遮栏（围栏）和悬挂的标示牌
某某变 10kV514 某某线	是，退出某某变 10kV514 某某线 065 号杆柱上开关控制箱合闸压板	某某变 10kV514 某某线 087 号杆 T 接用户分支转冷备	在某某变 10kV514 某某线 065 号杆柱上开关控制箱合闸压板处悬挂标识牌。

5.2 其他危险点预控措施和注意事项

1）1、斗内作业人员必须穿绝缘服、绝缘防护用具、系好安全带、戴好安全帽、戴护目镜，到达工作位置使用合格的验电器验电；2、严格按照由近至远、由低到高、先带电体后接地体的顺序进行遮蔽，绝缘遮蔽范围应大于作业人员作业过程中的活动范围；3、在围栏外适当位置加设路锥及交通警示牌，作业现场设置防护围栏，禁止无关人员入内；4、斗臂车升降过程中注意避开带电体及障碍物；

图 10－34　工作票

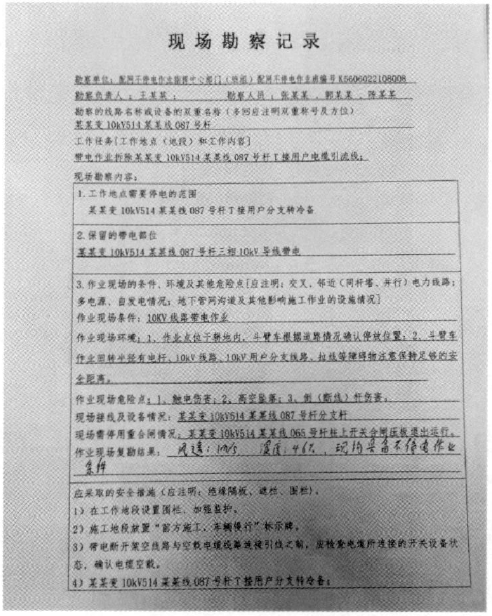

现场勘察记录

勘察单位：配网不停电作业指挥中心部门（班组）配网不停电作业班编号 K5606022108008

勘察负责人：王某某；　　勘察人员：张某某、郭某某、陈某某

勘察的线路名称或设备的双重名称（多回应注明双重称号及方位）

某某变 10kV514 某某线 087 号杆

工作任务[工作地点（地段）和工作内容]

带电作业拆除某某变 10kV514 某某线 087 号杆 T 接用户电缆引流线；

现场勘察内容：

1. 工作地点需要停电的范围

某某变 10kV514 某某线 087 号杆 T 接用户分支转冷备

2. 保留的带电部位

某某变 10kV514 某某线 087 号杆三相 10kV 导线带电

3. 作业现场的条件、环境及其他危险点[应注明：交叉、邻近（同杆塔、并行）电力线路；多电源、自发电情况；地下管网沟道及其他影响施工作业的设施情况]

作业现场条件：10KV 线路带电作业

作业现场环境：1、作业点位于耕地内，斗臂车根据道路情况确认停放位置；2、斗臂车作业回转半径有电杆、10kV 线路、10kV 用户分支线路、拉线等障碍物注意保持足够的安全距离。

作业现场危险点：1、触电伤害；2、高空坠落；3、倒（断线）杆伤害。

现场接线及设备情况：某某变 10kV514 某某线 087 号杆分支杆

现场需停用重合闸情况：某某变 10kV514 某某线 065 号杆柱上开关合闸压板退出运行。

作业现场复勘结果：风速：1m/s，湿度：46%，现场具备不停电作业条件

应采取的安全措施（应注明：绝缘隔板、遮栏、围栏）。

1）在工作地段设置围栏、加强监护。

2）施工地段放置“前方施工，车辆慢行”标示牌。

3）带电断开架空线路与空载电缆线路连接引线之前，应检查电缆所连接的开关设备状态，确认电缆空载。

4）某某变 10kV514 某某线 087 号杆 T 接用户分支转冷备；

图 10－35　现场勘察记录

3）作业指导书（见图 10－36）。

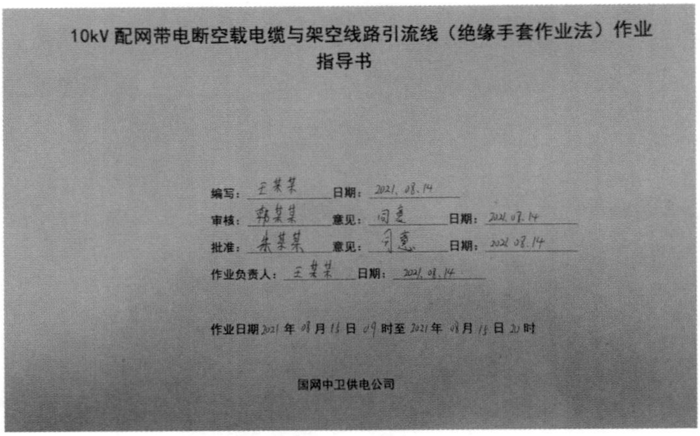

10kV 配网带电断空载电缆与架空线路引流线（绝缘手套作业法）作业指导书

编写：王某某 日期：2021.08.14

审核：郭某某 意见：同意 日期：2021.08.14

批准：朱某某 意见：同意 日期：2021.08.14

作业负责人：王某某 日期：2021.08.14

作业日期 2021 年 08 月 15 日 09 时至 2021 年 08 月 15 日 20 时

国网中卫供电公司

图 10－36 作业指导书

第三节 安全措施及注意事项

1. 气象条件

带电作业应在良好天气下进行，风力大于 5 级或湿度大于 80%时，不宜带电作业。若遇雷电、雪、雹、雨、雾等不良天气，禁止带电作业。带电作业过程中若遇天气突然变化，有可能危及人身安全及设备安全时，应立即停止工作，撤离人员，恢复设备正常状况或采取临时安全措施。

2. 作业环境

在车辆繁忙地段应与交通管理部门联系以取得配合。

3. 安全距离及有效绝缘长度

（1）作业中，绝缘斗臂车绝缘臂的有效绝缘长度不应小于 1.0m，绝缘杆的有效绝缘长度应不小于 0.7m。

（2）作业中，人体应保持对地距离不小于 0.4m、对邻相导线不小于 0.6m 的安全距离，如不能确保该安全距离时，应采用绝缘遮蔽措施，遮蔽用具之间的重叠部分不得小于 150mm。

4. 作业关键点

（1）本项目需停用架空线路重合闸。

（2）工作前，应与运行部门共同确定电缆负荷侧开关（断路器或隔离开关等）处于断开位置。

（3）斗内电工进入有电区域后，测量电缆引线空载电流，且不应大于 5A。当空载电流大于 0.1A 小于 5A 时，应用消弧开关断架空线路与空载电缆线路引线。

（4）斗内电工在接触带电导线、进行换相工作转移前应得到监护人的许可。

（5）使用消弧开关前应确认消弧开关在断开位置并闭锁，防止其突然合闸。

（6）合消弧开关前应再次确认接线正确无误，防止相位错误引发短路。

（7）消弧开关的状态，应通过其操动机构位置（或灭弧室动静触头相对位置）以及用电流检测仪测量电流的方式综合判断。

（8）在消弧开关和电缆终端间安装绝缘引流线，应先接无电端、再接有电端。

（9）作业时，严禁人体同时接触两个不同的电位体；绝缘斗内两人工作时禁止两人接触不同的电位体。

（10）已断开相的电缆引线应视为带电。

5. 其他注意事项

（1）作业前应进行现场勘察。

（2）当斗臂车绝缘斗在有电区域转移时，应缓慢移动，动作要平稳，严禁使用快速挡；绝缘斗臂车在作业时，发动机不能熄火（电能驱动型除外），以保证液压系统处于工作状态。

（3）作业线路下层有低压线路同杆并架时，如妨碍作业，应对作业范围内的相关低压线路采取绝缘遮蔽措施。

（4）在同杆架设线路上工作，与上层线路小于安全距离规定且无法采取安全措施时，不得进行该项工作。

（5）上、下传递工具、材料均应使用绝缘传递绳绑扎，严禁抛掷。

（6）作业过程中禁止摘下绝缘防护用具。

第十一章　带负荷直线杆改耐张杆并加装柱上开关或隔离开关

本内容围绕配电线路检修中开展的带负荷直线杆改耐张杆并加装柱上开关或隔离开关工作进行介绍，重点讲解绝缘手套作业法带负荷直线杆改耐张杆并加装柱上开关或隔离开关的作业流程（涵盖技术要领、安全措施和注意事项）、作业原理、人员组合以及工器具配备等问题。

该作业项目的作业原理见图 11－1。

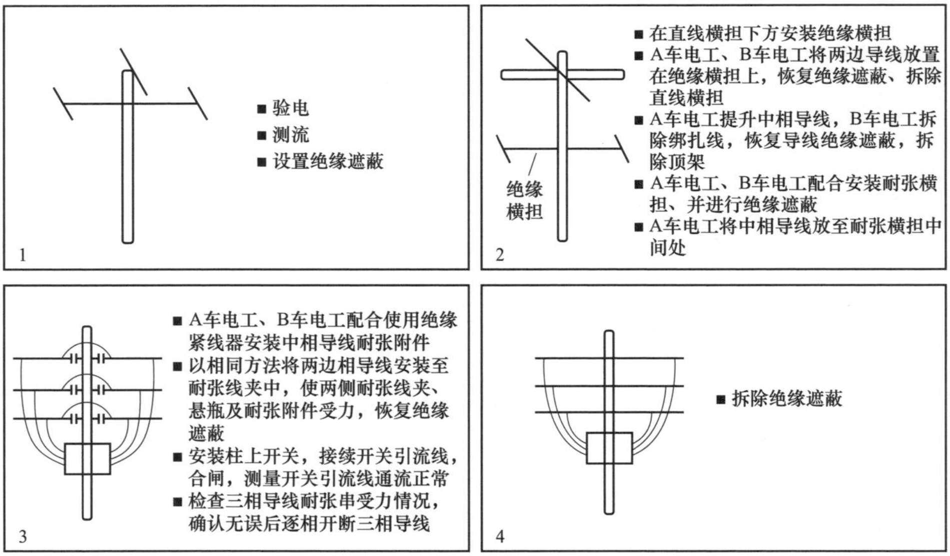

图 11－1　作业原理图

第一节　作业梗概

1. 人员组合

本项目需 7 人，具体分工见表 11－1。

表 11－1　　具体人员分工

人员分工	人数（人）
工作负责人（兼工作监护人）	1
斗内电工（1、2、3、4 号电工）	4
杆上电工	1
地面电工	1

2. 作业方法

绝缘手套作业法。

3. 主要工器具配备

主要工器具配备见表 11－2。

表 11－2　　主要工器具配备

序号	工器具名称		参考图	规格、型号	数量	备注
1	特种车辆	绝缘斗臂车		10kV	2 辆	
2	绝缘防护用具	绝缘手套	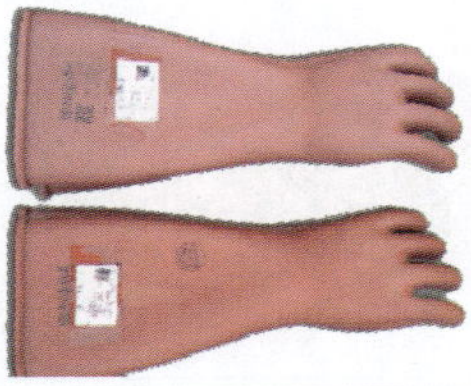	10kV	5 双	戴防护手套

续表

序号	工器具名称		参考图	规格、型号	数量	备注
3	绝缘防护用具	绝缘安全帽		10kV	5 顶	
4		绝缘披肩		10kV	4 套	
5		绝缘安全带		10kV	5 副	登杆应选用双重保护绝缘安全带
6	绝缘遮蔽用具	导线遮蔽罩		10kV	6 根	
7		绝缘毯		10kV	若干	
8	绝缘工具	绝缘绳索		12mm	4 根	15m

续表

序号	工器具名称		参考图	规格、型号	数量	备注
9	绝缘工具	绝缘绳套		16mm	3 根	1.0m
10		绝缘引流线		3m 以上	3 根	满足现场导线电流配置
11	其他	绝缘电阻测试仪	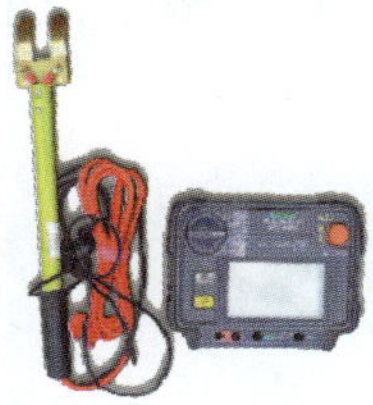	2500V 及以上	1 套	
12		绝缘紧线器	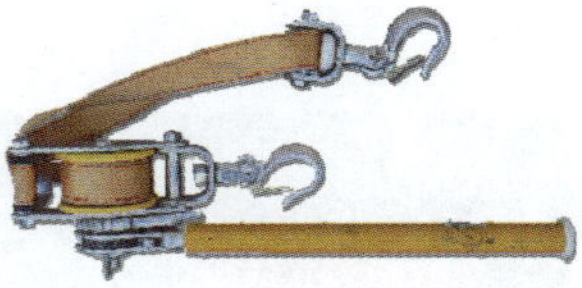	—	2 套	
13		卡线器		—	2 个	
14		绝缘横担		10kV	2 副	
15		电流检测仪		—	1 套	

续表

序号	工器具名称		参考图	规格、型号	数量	备注
16	其他	验电器		10kV	1套	
17		耐张线夹	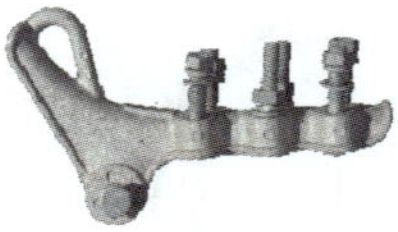	—	6个	

第二节　作　业　过　程

1. 作业前准备

（1）工具储运和检测。

1）领用绝缘工器具、安全用具及辅助器具，应核对工器具的使用电压等级和试验周期，并检查外观完好无损（见图11－2）。

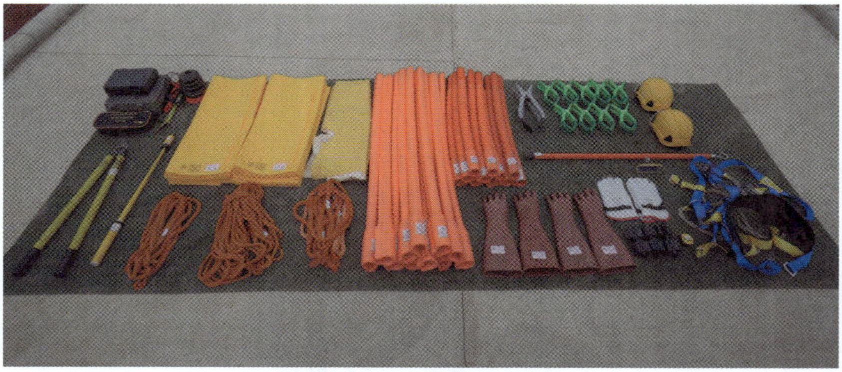

图11－2　工器具存放图

2）工器具运输在过程中，应存放在专用工具袋、工具箱或工具车内，以防受潮和损伤（见图11－3）。

（2）现场操作前的准备。

1）工作负责人核对线路名称、杆号（见图 11－3）。

图 11－3　工器具放专用工具箱

2）工作负责人按配电带电作业工作票内容与值班调控人员联系，申请停用线路重合闸（见图 11－4）。

图 11－4　负责人联系值班调控人员

3）绝缘斗臂车进入合适位置，并可靠接地（见图11－5），根据道路情况设置安全围栏、警告标志或路障。

图11－5 车辆接地

4）工作负责人召集工作人员开班前会交代工作任务，对工作班成员进行危险点告知，交代安全措施和技术措施，确认每一个工作班成员都已知晓，检查工作班成员精神状态是否良好，工作人员是否合适（见图11－6）。

图11－6 召开班前会

5）整理材料，对安全用具、绝缘工具进行检查，对绝缘工具应使用绝缘测试仪进行分段绝缘检测，绝缘电阻值不低于 700MΩ（见图 11－7）。擦拭绝缘臂、绝缘斗，绝缘斗臂车空斗试操。

图 11－7　分段检测工器具

6）检查柱上开关的试验报告及合格证。调试柱上开关分合闸功能正常，闭锁开关的合闸机构（退出保护功能及控制电源）。

2. 操作过程

（1）斗内电工进入斗内，并做准备。

1）工作负责人对斗内作业人员穿戴进行检查（见图 11－8）。

图 11－8　穿戴检查

2）工作负责人对斗内作业人员安全带挂接情况进行检查（见图 11－9）。

图 11－9 安全带挂接检查

3）地面电工配合将工器具转移至绝缘斗内，应注意以下几点：

a. 绝缘毯用绝缘夹加以固定（见图 11－10）。

b. 工器具应放置在专用的工具袋（箱）内（见图 11－11）。

c. 斗内作业人员严禁踩踏绝缘工器具（见图 11－12）。

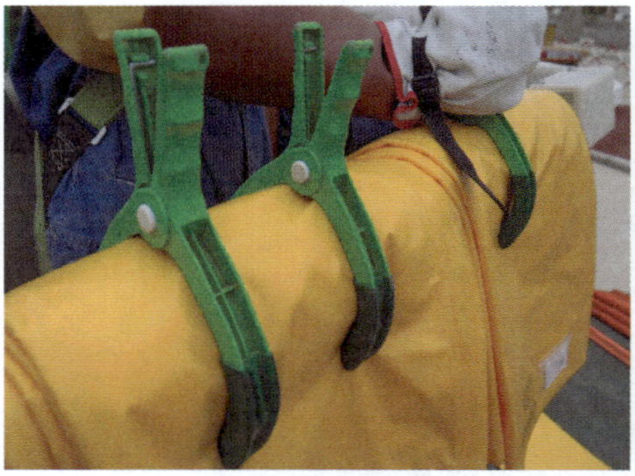

图 11－10 用绝缘夹加以固定

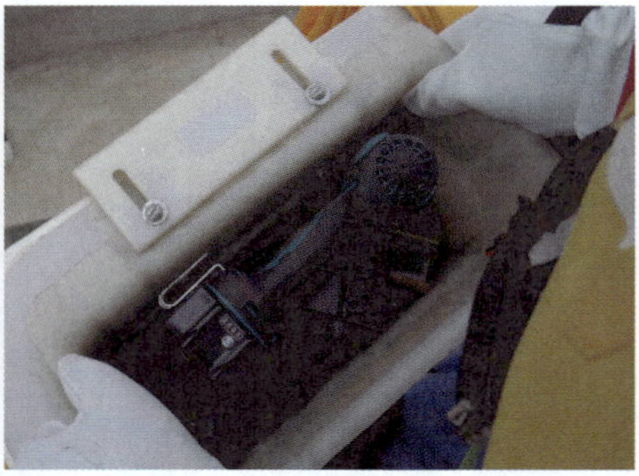

图 11－11 放置专用工具袋

图 11－12　严禁踩踏绝缘工器具

（2）验电。

1）验电注意事项。

a. 通过验电器自检按钮检查确认良好（见图 11－13）。

图 11－13　验电器确认良好

b. 条件允许的情况下，在带电体的裸露部分验电确认验电器良好。

c. 将伸缩式验电器全部拉出，确保绝缘有效长度不小于 0.7m（见图 11－14）。

图 11-14　有效长度不小于 0.7m

2）验电内容。斗内电工调整至带电导线横担下侧适当位置，使用验电器按照“导线→绝缘子→横担”的顺序对带电体及接地体进行验电，确认有无漏电现象（见图 11-15）。

图 11-15　验电

3）将验电结果向工作负责人进行汇报。若有漏电现象则及时报告工作负责人，终止工作；若无漏电现象则报告工作负责人，正常开展工作（见图 11－16）。

图 11－16　汇报验电结果

（3）带负荷直线杆改耐张杆并加装柱上开关（隔离开关）。

1）斗内电工用电流检测仪测量架空线路负荷电流，确认电流不超过绝缘引流线额定电流（一般为 200A）。若负荷电流超过绝缘引流线额定电流，应立即停止作业（见图 11－17）。

图 11－17　测量导线通流情况

2）A 车电工、B 车电工按照“从近到远、从下到上、先带电体后接地体”的遮蔽原则对作业范围内的所有带电体和接地体进行绝缘遮蔽。设置绝缘遮蔽应注意：

a. 设置导线遮蔽时，防止导线大幅度晃动引起相间短路（见图 11－18）。

图 11－18　导线大幅度晃动

b. 设置导线遮蔽时，注意人体与带电体、接地体安全距离，防止发生人身触电（见图 11－19）。

图 11－19　注意安全距离

3）A 车电工、B 车电工在直线横担下方适当位置装设绝缘横担，B 车电工使用绝缘小吊吊住近边相导线，A 车电工解开近边相导线绑扎线后，遮蔽罩对接并将开口向上。B 车电工起升小吊将导线缓慢提升并放置在近边相绝缘横担线槽内，绝缘遮蔽。远边相按照相同方法放置在绝缘横担线槽内。两车相互配合拆除直线横担（见图 11－20）。

图 11－20　两边相导线放至绝缘横担上

4）B 车斗内电工使用绝缘小吊吊住中相导线，A 车电工解开中相导线绑扎线后，遮蔽罩对接并将开口向上（见图 11－21）。B 车电工起升小吊将导线缓慢提升至距中间相绝缘子 0.4m 以外。

5）A 车电工拆除中间相绝缘子及顶架，在杆身合适位置依次安装耐张横担、悬瓶及耐张附件，并对杆身、新安装的耐张横担、悬瓶及耐张附件进行绝缘遮蔽。安装耐张横担、悬瓶及耐张附件时，应在地面先进行预安装，以减轻空中安装作业难度。耐张横担从杆顶套入并安装牢固后，安装两侧的悬瓶及耐张附件，并确认连接可靠（见图 11－22）。

图 11－21　对接遮蔽罩

图 11－22　安装耐张横担

6）B 车电工缓慢下降小吊将中相导线放至耐张横担中间，解开小吊绳（见图 11－23）。

图 11－23　中间相导线放至耐张横担上

7）A 车电工、B 车电工配合进行中间相导线耐张附件的安装工作：

a. A 车、B 车电工调整工作位置，分别位于中间相导线的两侧，拆除部分中间相导线遮蔽罩，在中间相导线两侧安装好绝缘紧线器及后备保护绳，及时恢复遮蔽，操作绝缘紧线器将导线收紧，同时收紧后备保护绳（见图 11－24）。

图 11－24　安装绝缘紧线器及后备保护绳

b. A 车电工、B 车电工配合将中间相两侧导线安装至耐张线夹中，斗内电工缓慢放松两侧绝缘紧线器，使两侧耐张线夹、绝缘子及耐张附件受力（见图 11－25）。

图 11－25 安装耐张线夹

c. 两侧耐张线夹、绝缘子及耐张附件受力正常后，A 车电工、B 车电工分别拆除中相两侧绝缘紧线器及后备保护绳（见图 11－26）。

图 11－26 拆除绝缘紧线器及后备保护绳

8）A 车电工、B 车电工相互配合，以同样的方法按照“由远及近、先难后易”的原则逐相将导线安装至耐张线夹中，并使两侧耐张线夹、绝缘子及耐张附件受力，恢复绝缘遮蔽（见图 11－27）。

图 11－27　三相导线固定在两侧耐张串上

9）安装柱上开关。

a. 工作负责人确认待装开关在“分”，闭锁合闸机构（退出保护功能及控制电源）。

b. B 车电工操作小吊，使用绝缘吊绳依次将开关支架及开关本体提升至适当位置，A 车电工依次安装开关支架及开关本体。使用斗臂车起吊柱上开关时要注意吊臂角度，防止超载倾翻（见图 11－28）。

c. 使用绝缘测量杆完成开关引流线长度的测量及制作后，A 车电工、B 车电工分别在柱上开关两侧的开关柱头上安装开关引流线。安装时，开关引流线应盘成圈，避免在安装过程中引线搭接至其他不同电位的物体上。完成后，将开关引流线盘打开，绝缘遮蔽，并通过绝缘绳可靠固定在主导线上。然后，A 车电工、B 车电工按照“同时同相”（有明显断开点时可不按此原则进行）、“先中相，后两边相”及“由远及进”的原则，分别完成 6 根绝缘引流线与主导线的试搭接及安装，并迅速恢复接续点及引流线的绝缘遮蔽（见图 11－29）。

图 11－28　组装开关与横担

图 11－29　接续开关引流线与导线

10）两车作业人员离开作业点至安全位置，使用电流检测仪检测主导线及开关引流线的电流，确认主导线电流不超过绝缘引流线额定电流（一般为 200A）以及柱上开关无负荷电流通过（若有电流通过，则说明柱上开关内部故障，应立即停止作业）。斗内电工使用绝缘杆操作并合上柱上开关，确认开关在“合”

后，将操作机构闭锁（退出保护功能及控制电源）。使用电流检测仪检测开关两侧引流线电流，确认开关引流线通流正常（柱上开关每相引流线分流的负荷电流应不小于该相总负荷电流的1/3）（见图11－30）。

图11－30　确认通流正常

11）检查三相导线耐张串受力及绝缘遮蔽情况，确认无误后，A车电工、B车电工按照“由近及远、先易后难”或“先两边相后中相”的原则，相互配合逐相开断原有三相线路导线（见图11－31）。

图11－31　已开断的三相导线

（4）拆除绝缘遮蔽。按照“从远到近、从上到下、先接地体后带电体”的原则依次拆除绝缘遮蔽，绝缘斗退出有电区域，作业人员返回地面（见图 11－32）。

图 11－32　拆除绝缘遮蔽

（5）施工质量检查。

1）工作负责人指挥斗内电工检查施工质量是否满足要求；

2）工作负责人指挥斗内电工检查是否有遗留物。

3. 工作终结

（1）工作结束后工作负责人向停送电联系人汇报工作结束，并办理工作票终结手续（见图 11－33），停送电联系人向配电网值班调控人员申请恢复线路重合闸。

（2）工作负责人组织作业人员清点工器具并清理施工现场，要求做到“工完、料尽、场地清”（见图 11－34）。

图 11－33　办理工作票终结手续

图 11－34　清理施工现场

4. 召开班后会

（1）工作负责人对施工质量、安全措施落实情况、作业流程进行现场点评（见图 11－35）。

（2）工作负责人对作业人员的熟练程度、规范性进行点评。

图 11－35　现场点评

5. 工器具入库

作业结束后，作业人员需将工器具归还入库，并办理入库手续（见图 11－36）。

图 11－36　工器具入库

6. 资料整理

（1）工作负责人将工作票录入 PMS 系统（见图 11－37）。

图 11－37　工作票录入

（2）工作负责人将纸质资料进行归档保管，需归档资料如下：

1）工作票（见图 11－38）。

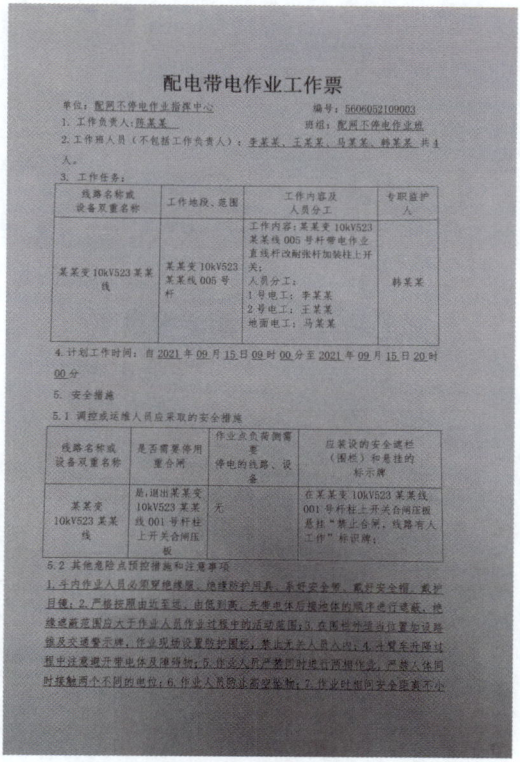

配电带电作业工作票

单位：配网不停电作业指挥中心　　　　编号：5606052109003

1. 工作负责人：陈某某　　　　班组：配网不停电作业班

2. 工作班人员（不包括工作负责人）：李某某、王某某、马某某、韩某某 共 4 人。

3. 工作任务：

线路名称或设备双重名称	工作地段、范围	工作内容及人员分工	专职监护人
某某变 10kV523 某某线	某某变 10kV523 某某线 005 号杆	工作内容：某某变 10kV523 某某线 005 号杆带电作业直线杆改耐张杆加装柱上开关； 人员分工： 1 号电工：李某某 2 号电工：王某某 地面电工：马某某	韩某某

4. 计划工作时间：自 2021 年 09 月 15 日 09 时 00 分至 2021 年 09 月 15 日 20 时 00 分

5. 安全措施

5.1 调控或运维人员应采取的安全措施

线路名称或设备双重名称	是否需要停用重合闸	作业点负荷侧需要停电的线路、设备	应装设的安全遮栏（围栏）和悬挂的标示牌
某某变 10kV523 某某线	是，退出某某变 10kV523 某某线 001 号杆柱上开关合闸压板	无	在某某变 10kV523 某某线 001 号杆柱上开关合闸压板悬挂"禁止合闸，线路有人工作"标识牌；

5.2 其他危险点预控措施和注意事项

1. 斗内作业人员必须穿绝缘服、绝缘防护用具、系好安全带、戴好安全帽、戴护目镜；2. 严格按照由近至远、由低到高、先带电体后接地体的顺序进行遮蔽，绝缘遮蔽范围应大于作业人员作业过程中的活动范围；3. 在围栏外适当位置加设路锥及交通警示牌，作业现场设置防护围栏，禁止无关人员入内；4. 斗臂车升降过程中注意避开带电体及障碍物；5. 作业人员严禁同时进行两相作业，严禁人体同时接触两个不同的电位；6. 作业人员防止高空坠物；7. 作业时相间安全距离不小

图 11－38　工作票

2）现场勘察记录（见图 11－39）。

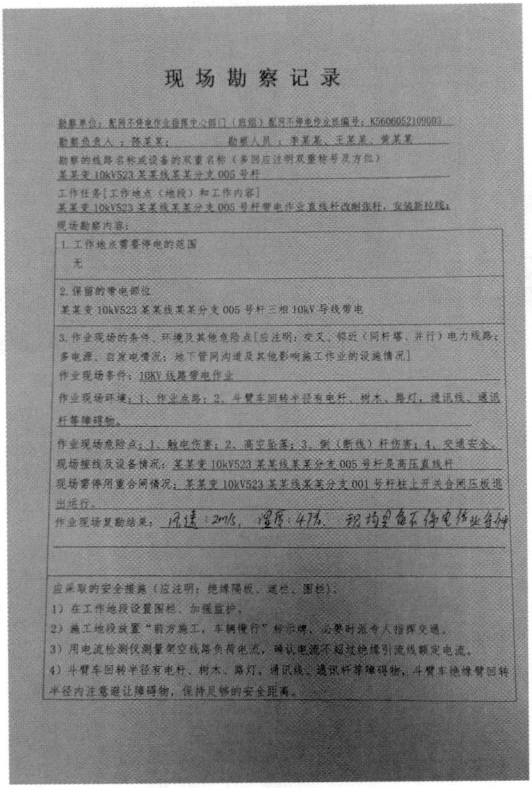

现场勘察记录

勘察单位：配网不停电作业指挥中心部门（班组）配网不停电作业班编号：K5606052109003

勘察负责人：陈某某；　　勘察人员：李某某、王某某、黄某某

勘察的线路名称或设备的双重名称（多回应注明双重称号及方位）

某某变 10kV523 某某线某某分支 005 号杆

工作任务[工作地点（地段）和工作内容]

某某变 10kV523 某某线某某分支 005 号杆带电作业直线杆改耐张杆，安装新拉线；

现场勘察内容：

1. 工作地点需要停电的范围

无

2. 保留的带电部位

某某变 10kV523 某某线某某分支 005 号杆三相 10kV 导线带电

3. 作业现场的条件、环境及其他危险点[应注明：交叉、邻近（同杆塔、并行）电力线路；多电源、自发电情况；地下管网沟道及其他影响施工作业的设施情况]

作业现场条件：10KV 线路带电作业

作业现场环境：1、作业点路；2、斗臂车回转半径有电杆、树木、路灯，通讯线、通讯杆等障碍物。

作业现场危险点：1、触电伤害；2、高空坠落；3、倒（断线）杆伤害；4、交通安全。

现场接线及设备情况：某某变 10kV523 某某线某某分支 005 号杆是高压直线杆

现场需停用重合闸情况：某某变 10kV523 某某线某某分支 001 号杆柱上开关合闸压板退出运行。

作业现场复勘结果：风速：2m/s，湿度：47%，现场具备不停电作业条件

应采取的安全措施（应注明：绝缘隔板、遮栏、围栏）。

1）在工作地段设置围栏、加强监护。

2）施工地段放置“前方施工，车辆慢行”标示牌，必要时派专人指挥交通。

3）用电流检测仪测量架空线路负荷电流，确认电流不超过绝缘引流线额定电流。

4）斗臂车回转半径有电杆、树木、路灯，通讯线、通讯杆等障碍物，斗臂车绝缘臂回转半径内注意避让障碍物，保持足够的安全距离。

图 11－39　现场勘察记录

3）作业指导书（见图 11－40）。

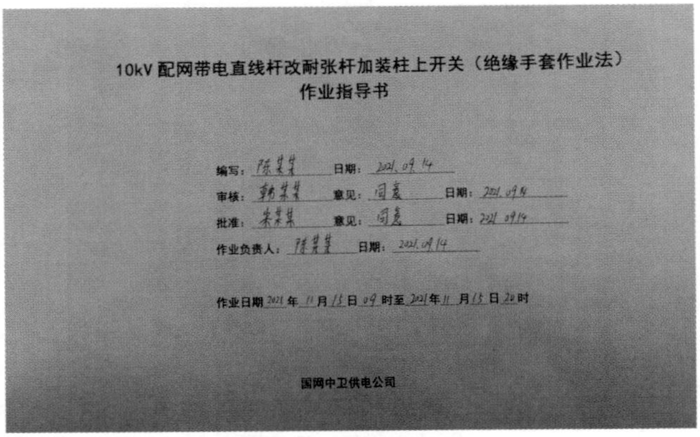

10kV 配网带电直线杆改耐张杆加装柱上开关（绝缘手套作业法）

作业指导书

编写：陈某某　日期：2021.09.14

审核：韩某某　意见：同意　日期：2021.09.14

批准：宋某某　意见：同意　日期：2021.09.14

作业负责人：陈某某　日期：2021.09.14

作业日期 2021 年 11 月 15 日 09 时至 2021 年 11 月 15 日 20 时

国网中卫供电公司

图 11－40　作业指导书

第三节　安全措施及注意事项

1. 气象条件

带电作业应在良好天气下进行，风力大于 5 级或湿度大于 80%时，不宜带电作业。若遇雷电、雪、雹、雨、雾等不良天气，禁止带电作业。带电作业过程中若遇天气突然变化，有可能危及人身安全及设备安全时，应立即停止工作，撤离人员，恢复设备正常状况或采取临时安全措施。

2. 作业环境

（1）在车辆繁忙地段应与交通管理部门联系以取得配合。

（2）本规程适用于导线水平及三角形排列方式的单回路线路。

3. 安全距离及有效绝缘长度

（1）作业中，绝缘斗臂车绝缘臂的有效绝缘长度不应小于 1.0m，绝缘承力工具有效绝缘长度不得小于 0.4m。

（2）作业中，人体应保持对地距离不小于 0.4m、对邻相导线不小于 0.6m 的安全距离，如不能确保该安全距离时，应采用绝缘遮蔽措施，遮蔽用具之间的重叠部分不得小于 150mm。

（3）作业线路下层有低压线路同杆架设时，如妨碍作业，应对相关低压线路设置绝缘遮蔽措施。

4. 作业关键点

（1）本项目需停用线路重合闸。

（2）新装柱上负荷开关带有取能用电压互感器时，电源侧应串接带有明显断开点的设备，防止带负荷接引，并应闭锁其自动跳闸的回路，开关操作后应闭锁其操动机构，防止误操作。

（3）使用斗臂车起吊开关要注意吊臂角度，防止超载倾翻。

（4）作业人员在接触带电导线和进行换相作业转移前，应得到监护人的许可。

（5）作业人员在绝缘斗内传递工具时应确认两人同时脱离带电设备，绝缘斗内两人工作时禁止两人同时接触不同电位体。作业时严禁人体同时接触两个不同的电位。

（6）断、接引流线时要保持带电体与人体、相间及对地的安全距离。应注意相位，搭连接点应接触可靠。

（7）组装、拆除绝缘引流线以及紧线、开断导线应同相同步进行。

（8）在开断导线前，应有防导线脱落的后备保护措施。

（9）如使用吊车起吊耐张横担、柱上负荷开关工作，应在吊索起吊范围内对带电体进行双重绝缘遮蔽，吊车车体应良好接地。

5. 其他注意事项

（1）作业前应进行现场勘察。

（2）当斗臂车绝缘斗在有电区域转移时，应缓慢移动，动作要平稳，严禁使用快速挡；绝缘斗臂车在作业时，发动机不能熄火（电能驱动型除外），以保证液压系统处于工作状态。

（3）作业线路下层有低压线路同杆并架时，如妨碍作业，应对作业范围内的相关低压线路采取绝缘遮蔽措施。

（4）上、下传递工具、材料均应使用绝缘传递绳绑扎，严禁抛掷。

（5）作业过程中禁止摘下绝缘防护用具。

第十二章　不停电更换柱上变压器（发电车方式）

本内容围绕配电线路检修中开展的不停电更换柱上变压器工作进行介绍，重点讲解综合不停电作业法（发电车方式）更换柱上变压器的作业流程（涵盖技术要领、安全措施和注意事项）、作业原理、人员组合以及工器具配备等问题。

该作业项目的作业原理见图 12－1。

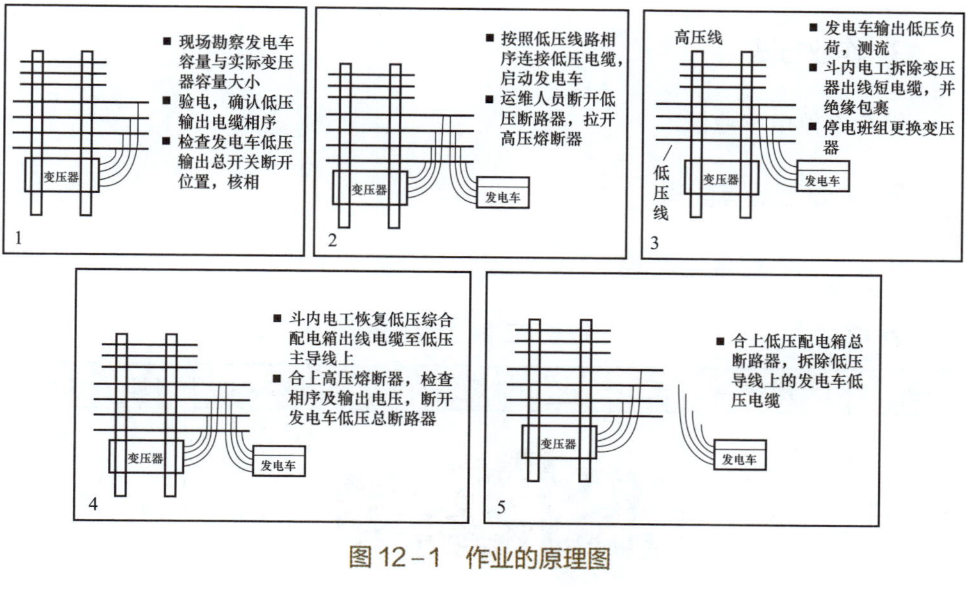

图 12－1　作业的原理图

第一节 作 业 梗 概

1. 人员组合

本项目需 11 人，具体分工见表 12－1。

表 12－1　具 体 人 员 分 工

人员分工	人数（人）
工作协调人	1
带电工作负责人（兼工作监护人）	1
停电工作负责人（兼工作监护人）	1
斗内电工	2
杆上电工	2
地面电工	2
倒闸操作人员	1
专责监护人	1

2. 作业方法

综合不停电作业法。

3. 主要工器具配备

主要工器具配备见表 12－2。

表 12－2　主 要 工 器 具 配 备

序号	工器具名称		参考图	规格、型号	数量	备注
1	特种车辆	发电车		10kV	1 辆	配套低压引线

续表

序号	工器具名称		参考图	规格、型号	数量	备注
2	特种车辆	绝缘斗臂车		10kV	1 辆	
3		吊车		8t	1 辆	
4	绝缘防护用具	绝缘手套	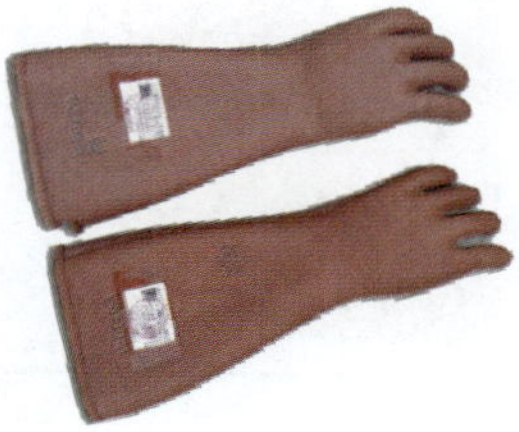	10kV	5 双	戴防护手套
5		绝缘安全帽		10kV	5 顶	
6		绝缘披肩		10kV	2 套	
7		绝缘安全带		10kV	4 副	登杆应选用双重保护绝缘安全带

续表

序号	工器具名称		参考图	规格、型号	数量	备注
8	绝缘工具	绝缘操作杆		10kV	1 根	
9		绝缘传递绳		12mm	1 根	15m
10	绝缘遮蔽用具	导线遮蔽罩		10kV	6 根	
11		绝缘毯		10kV	若干	
12		电缆挂架		10kV	4 个	
13		绝缘电阻测试仪		2500V 及以上	1 套	
14		低压相序表		—	1 块	
15		电流检测仪		—	1 套	

续表

序号	工器具名称		参考图	规格、型号	数量	备注
16	绝缘遮蔽用具	验电器		10kV	1套	
17		低压验电器		0.4kV	1套	
18		接地线	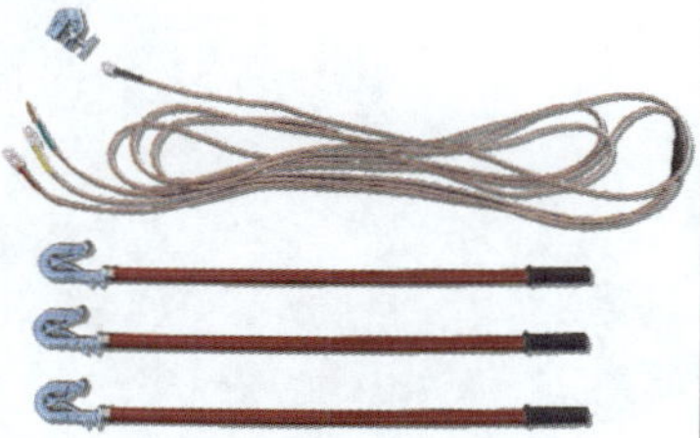	—	2套	高、低压各一套

第二节　作　业　过　程

1. 作业前准备

（1）工具储运和检测。

1）领用绝缘工器具、安全用具及辅助器具，应核对工器具的使用电压等级和试验周期，并检查外观完好无损（见图12－2）。

图12－2　工器具存放图

2）工器具运输在过程中，应存放在专用工具袋、工具箱或工具车内，以防受潮和损伤（见图 12－3）。

图 12－3　工器具放专用工具箱

（2）现场操作前的准备。

1）工作负责人核对线路名称、杆号（见图 12－4）。

图 12－4　负责人核对线路名称、杆号

2）工作负责人检查作业装置、现场环境符合作业条件（见图 12－5）。

图 12－5　检查现场环境

3）带电工作负责人按配电带电作业工作票内容与值班调控人员联系，申请停用线路重合闸（见图 12－6）。

图 12－6　负责人联系值班调控人员

4）绝缘斗臂车、发电车及吊车进入合适位置，并可靠接地（见图 12－7）；发电车或移动箱变车接地（低压侧工作接地、保护接地）。根据道路情况设置安全围栏、警告标志或路障。

图 12－7　车辆接地

5）工作负责人召集工作人员开班前会交代工作任务，对工作班成员进行危险点告知，交代安全措施和技术措施，确认每一个工作班成员都已知晓，检查工作班成员精神状态是否良好，工作人员是否合适（见图 12－8）。

图 12－8　召开班前会

6）整理材料，对安全用具、绝缘工具进行检查，对绝缘工具应使用绝缘测试仪进行分段绝缘检测，绝缘电阻值不低于 700MΩ（见图 12－9）。擦拭绝缘臂、绝缘斗，绝缘斗臂车空斗试操。

图 12－9　分段检测工器具

2. 操作过程

（1）斗内电工分别穿戴好绝缘防护用具，进入绝缘斗，挂好安全带保险钩。

1）工作负责人对斗内作业人员穿戴进行检查（见图 12－10）。

图 12－10　穿戴检查

2）工作负责人对斗内作业人员安全带挂接情况进行检查（见图 12－11）。

图 12－11 安全带挂接检查

3）地面电工配合将工器具转移至绝缘斗内，应注意以下几点：

a. 绝缘毯用绝缘夹加以固定（见图 12－12）。

图 12－12 用绝缘夹加以固定

b. 工器具应放置在专用的工具袋（箱）内（见图 12－13）。

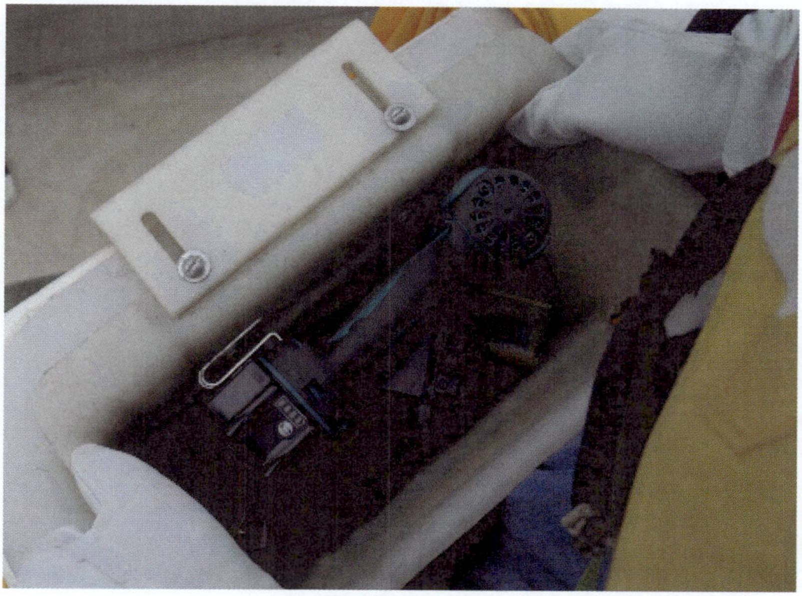

图 12－13　工器具放置专用袋

c. 斗内作业人员严禁踩踏绝缘工器具（见图 12－14）。

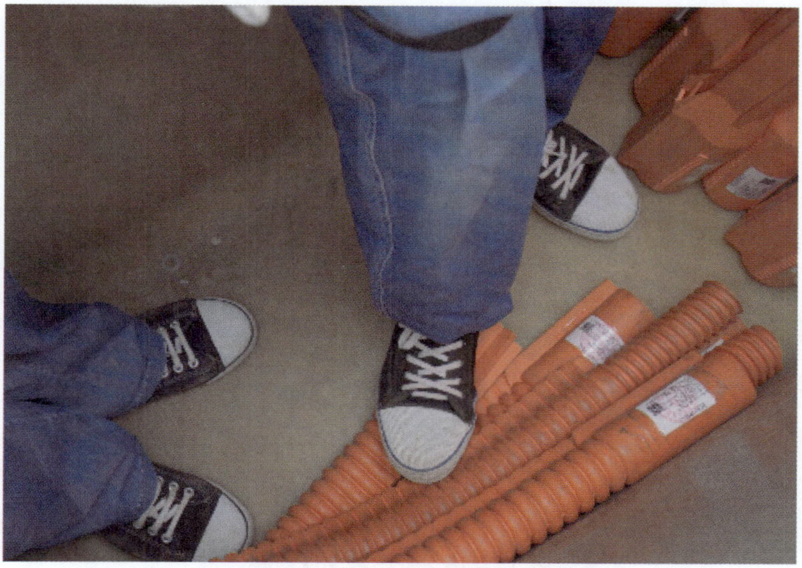

图 12－14　严禁踩踏绝缘工器具

（2）斗内电工升起工作斗，定位到便于作业的位置（见图 12－15）。

图 12－15　工作斗定位

（3）验电。

1）验电注意事项。

a. 通过验电器自检按钮检查确认良好（见图 12－16）。

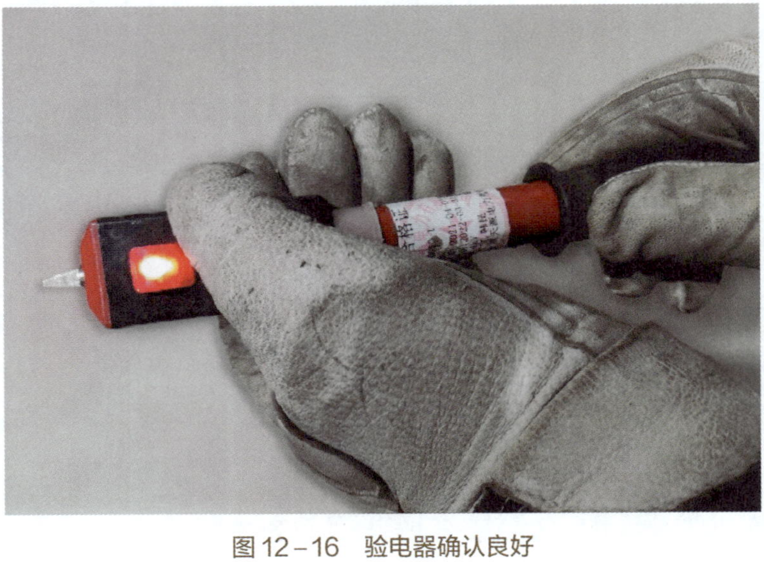

图 12－16　验电器确认良好

b. 条件允许的情况下，在带电体的裸露部分验电确认验电器良好。

c. 将伸缩式验电器全部拉出，确保绝缘有效长度不小于 0.7m（见图 12－17）。

图 12－17　有效长度不小于 0.7m

2）验电内容。斗内电工调整至带电导线横担下侧适当位置，使用验电器按照“导线→绝缘子→横担”的顺序对带电体及接地体进行验电，确认有无漏电现象（见图 12－18）。

图 12－18　验电

3）将验电结果向工作负责人进行汇报。若有漏电现象则及时报告工作负责人，终止工作；若无漏电现象则报告工作负责人，正常开展工作（见图 12–19）。

图 12–19 汇报验电结果

（4）不停电更换柱上变压器（发电车方式）。

1）负荷导出。

a. 地面电工确认变压器低压输出各相相色，使用相序表确认相序无误（见图 12–20）。

图 12–20 确认相序无误

b. 地面电工确认发电车低压输出总开关在断开位置（见图 12－21）。发电车在投入工作前应进行试车工作，测量发电车的输出电压，确保满足现场作业条件。

图 12－21 总开关断开

c. 低压电缆接入低压线路前，应将变压器低压输出相序与发电车低压输出相序进行比对，确定好低压电缆的接入顺序。斗内电工对低压架空导线进行绝缘遮蔽，按照“先中性线，后相线”和“先远后进”的原则，逐相完成发电车输出的 4 条低压电缆与带电的低压线路主导线的连接，并确认连接良好。低压电缆与架空线路的连接应使用 T 接线夹，并将电缆前端进行有效固定，减轻 T 接线夹受力，防止 T 接线夹意外脱落（见图 12－22）。

图 12－22 搭接低压电缆

d. 地面电工启动发电车，观察发电机组的各项参数（转速、输出电压、温度的等）是否稳定、持续，并符合作业需要（见图 12－23）。柴油发电车达到系统稳定时间一般为 15～30min。

图 12－23　启动发电车

e. 倒闸操作人员拉开变压器台低压隔离开关，再拉开高压熔断器并取下熔管，使变压器台完全停电（见图 12－24）。

图 12－24　拉开低压隔离开关

f. 倒闸操作人员合上发电车低压输出总开关，持续观测低压输出电流、电压，确认输出低压负荷正常（见图 12－25）。无误后，斗内电工按照“先相线，后中性线”和“先近后远”的原则拆除变压器台低压输出电缆与架空线路的连接，并将拆除的电缆头绝缘遮蔽，使变压器台低压电缆与低压架空线路解列。

图 12－25　确认负荷正常

2）停电班组更换变压器（工序转换）。

a. 低压负荷导出后，带电工作负责人通知工作许可人，并进行工序转换与安全交底。工作许可人通知停电工作负责人可以开始工作。

b. 停电工作负责人按照配电第一种工作票内容与值班调控人员联系，确认可以开工。

c. 杆上电工用 10kV 验电器对变压器高压母线进行验电，验明无电后挂第一组接地线。

d. 地面电工拆除低压综合配电箱（JP 柜）低压出线电缆与箱内低压空气开关的连接点，用铁丝将 4 相接线端子短接，避免低压电缆突然带电后造成人员触电（见图 12－26）。

e. 停电工作班组指挥吊车更换柱上变压器或低压综合配电箱（JP 柜）。

f. 工作完成后，按照“原拆原搭”的原则，恢复低压隔离开关与低压电缆的连接。

g. 拆除接地线，合上 10kV 熔断器及低压综合配电箱内 0.4kV 隔离开关。

图 12－26　拆除低压配电箱电缆

h. 地面电工对低压出口电压、相序进行测量，确认电压正常、相序与更换前无异后，分开低压出线空气开关，检查在分。如相序异常，应及时拉开低压综合配电箱内 0.4kV 隔离开关，确认无电后调整低压接线端子，并及时缠绕相色带标注相位（见图 12－27）。

图 12－27　确认电压、相序正常

3）带电班组恢复原接线方式（工序转换）。

a. 停电工作结束后，停电工作负责人通知工作许可人，并进行工序转换与安全交底。工作许可人通知并许可带电工作负责人可以开始工作。

b. 斗内电工根据新的低压相序与对应的相色，按照以“先中性线、后相线”和“先远后进”的逐相恢复变压器台低压出线电缆与低压架空线路的连接（见图 12－28）。

图 12－28　恢复至低压主导线

c. 地面电工用相序表在变压器低压隔离开关（低压出线开关）处核对相序无误后，斗内电工依次拆除发电车与低压线路连接的 4 条电缆，并恢复低压导线的绝缘，拆除遮蔽，返回地面（见图 12－29）。若相序有误，斗内电工应及时调整接线，并及时缠绕相色带标注相位。

图 12－29　拆除发电车低压电缆

4）恢复原运行方式。

a. 倒闸操作人员断开发电车低压输出总开关，确认低压侧无负荷（见图 12－30）。

图 12－30　断开发电车低压输出总开关

b. 地面电工合上综合配电箱低压隔离开关（低压出线空气开关），确认输出低压负荷正常（见图 12－31）。

图 12－31　合上低压配电箱低压总开关

c. 作业人员回收 4 条低压电缆（见图 12－32）。

图 12－32　回收低压电缆

（5）拆除绝缘遮蔽。按照“从远到近、从上到下、先接地体后带电体”的原则依次拆除绝缘遮蔽，绝缘斗退出有电区域，作业人员返回地面（见图 12－33）。

图 12－33　拆除绝缘遮蔽

（6）施工质量检查。

1）工作负责人指挥地面及斗内电工检查施工质量是否满足要求。

2）工作负责人指挥斗内电工检查是否有遗留物。

3. 工作终结

（1）工作结束后工作负责人向停送电联系人汇报工作结束，并办理工作票终结手续（见图 12－34），停送电联系人向配网值班调控人员申请恢复线路重合闸。

图 12－34　办理工作票终结手续

（2）工作负责人组织作业人员清点工器具并清理施工现场，要求做到“工完、料尽、场地清”（见图 12－35）。

图 12－35　清理施工现场

4. 召开班后会

（1）工作负责人对施工质量、安全措施落实情况、作业流程进行现场点评（见图 12－36）。

（2）工作负责人对作业人员的熟练程度、规范性进行点评。

图 12－36　现场点评

5. 工器具入库

作业结束后，作业人员需将工器具归还入库，并办理入库手续（见图 12－37）。

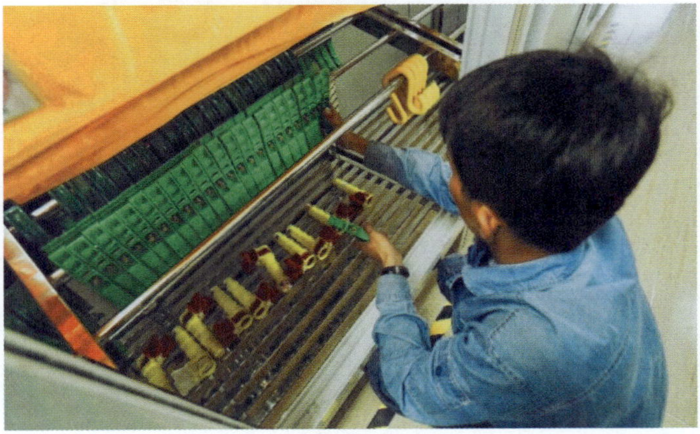

图 12－37　工器具入库

6. 资料整理

（1）工作负责人将工作票录入 PMS 系统（见图 12－38）。

图 12－38　工作票录入

（2）工作负责人将纸质资料进行归档保管，需归档资料如下：

1）工作票（见图 12－39）。

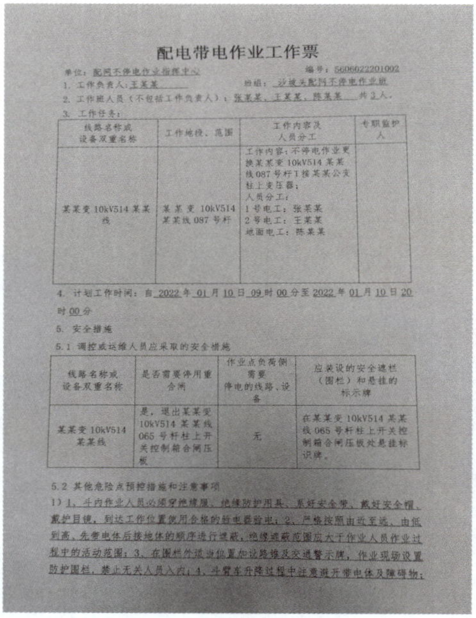

配电带电作业工作票

单位：配网不停电作业指挥中心　　编号：5606022201002

1. 工作负责人：王某某　　班组：沙坡头配网不停电作业班

2. 工作班人员（不包括工作负责人）：张某某、王某某、陈某某　共3人。

3. 工作任务：

线路名称或设备双重名称	工作地段、范围	工作内容及人员分工	专职监护人
某某变 10kV514 某某线	某某变 10kV514 某某线 087 号杆	工作内容：不停电作业更换某某变 10kV514 某某线 087 号杆 1 接某某公支柱上变压器； 人员分工： 1 号电工：张某某 2 号电工：王某某 地面电工：陈某某	

4. 计划工作时间：自 2022 年 01 月 10 日 09 时 00 分至 2022 年 01 月 10 日 20 时 00 分

5. 安全措施

5.1 调控或运维人员应采取的安全措施

线路名称或设备双重名称	是否需要停用重合闸	作业点负荷侧需要停电的线路、设备	应装设的安全遮栏（围栏）和悬挂的标示牌
某某变 10kV514 某某线	是，退出某某变 10kV514 某某线 065 号杆柱上开关控制箱合闸压板	无	在某某变 10kV514 某某线 065 号杆柱上开关控制箱合闸压板处悬挂标识牌。

5.2 其他危险点预控措施和注意事项

1）1、斗内作业人员必须穿绝缘服、绝缘防护用具、系好安全带、戴好安全帽、戴护目镜，到达工作位置使用合格的验电器验电；2、严格按照由近至远、由低到高、先带电体后接地体的顺序进行遮蔽，绝缘遮蔽范围应大于作业人员作业过程中的活动范围；3、在围栏外适当位置加设路锥及交通警示牌，作业现场设置防护围栏，禁止无关人员入内；4、斗臂车升降过程中注意避开带电体及障碍物；

图 12－39　工作票

2）现场勘察记录（见图 12－40）。

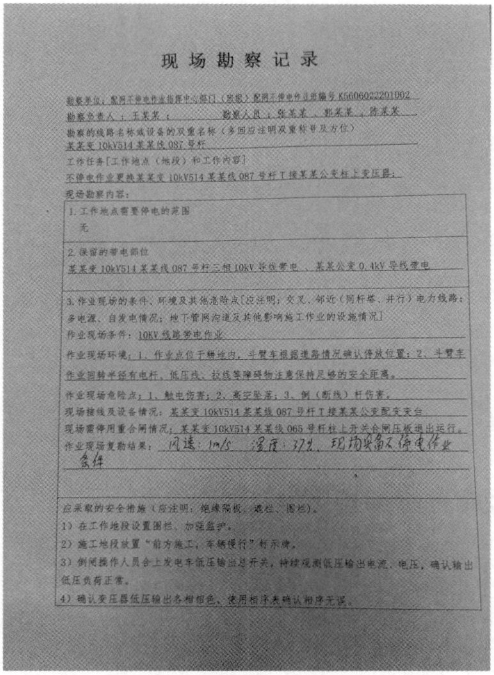

现场勘察记录

勘察单位：配网不停电作业指挥中心部门（班组）配网不停电作业班编号 K5606022201002

勘察负责人：王某某；　　勘察人员：张某某、郭某某、陈某某

勘察的线路名称或设备的双重名称（多回应注明双重称号及方位）

某某变 10kV514 某某线 087 号杆

工作任务[工作地点（地段）和工作内容]

不停电作业更换某某变 10kV514 某某线 087 号杆 T 接某某公变柱上变压器；

现场勘察内容：

1. 工作地点需要停电的范围

无

2. 保留的带电部位

某某变 10kV514 某某线 087 号杆三相 10kV 导线带电、某某公变 0.4kV 导线带电

3. 作业现场的条件、环境及其他危险点[应注明：交叉、邻近（同杆塔、并行）电力线路；多电源、自发电情况；地下管网沟道及其他影响施工作业的设施情况]

作业现场条件：10KV 线路带电作业

作业现场环境：1、作业点位于耕地内，斗臂车根据道路情况确认停放位置；2、斗臂车作业回转半径有电杆、低压线、拉线等障碍物注意保持足够的安全距离。

作业现场危险点：1、触电伤害；2、高空坠落；3、倒（断线）杆伤害。

现场接线及设备情况：某某变 10kV514 某某线 087 号杆 T 接某某公变配变台

现场需停用重合闸情况：某某变 10kV514 某某线 065 号杆柱上开关合闸压板退出运行。

作业现场复勘结果：风速：1m/s　湿度：37%、现场具备不停电作业条件

应采取的安全措施（应注明：绝缘隔板、遮栏、围栏）。

1）在工作地段设置围栏、加强监护。

2）施工地段放置“前方施工，车辆慢行”标示牌。

3）倒闸操作人员合上发电车低压输出总开关，持续观测低压输出电流、电压，确认输出低压负荷正常。

4）确认变压器低压输出各相相色，使用相序表确认相序无误。

图 12－40　现场勘察记录

3）作业指导书（见图 12－41）。

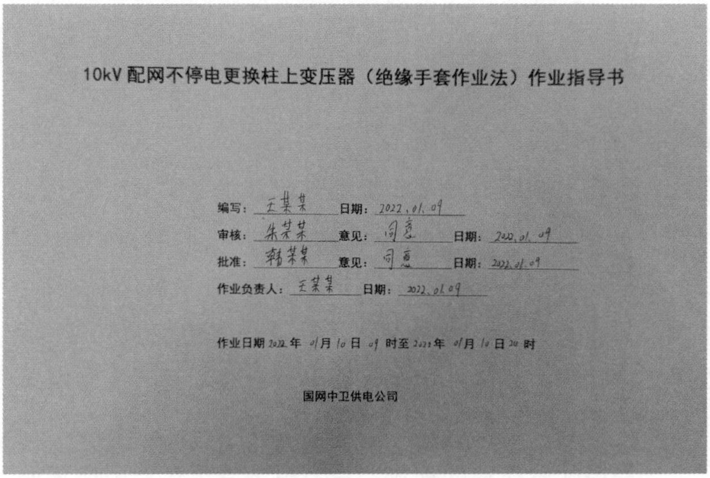

10kV 配网不停电更换柱上变压器（绝缘手套作业法）作业指导书

编写：王某某　日期：2022.01.09

审核：朱某某　意见：同意　日期：2022.01.09

批准：韩某某　意见：同意　日期：2022.01.09

作业负责人：王某某　日期：2022.01.09

作业日期 2022 年 01 月 10 日 09 时至 2022 年 01 月 10 日 20 时

国网中卫供电公司

图 12－41　作业指导书

第三节　安全措施及注意事项

1. 气象条件

带电作业应在良好天气下进行，风力大于 5 级或湿度大于 80%时，不宜带电作业。若遇雷电、雪、雹、雨、雾等不良天气，禁止带电作业。带电作业过程中若遇天气突然变化，有可能危及人身安全及设备安全时，应立即停止工作，撤离人员，恢复设备正常状况或采取临时安全措施。

2. 作业环境

在车辆繁忙地段应与交通管理部门联系以取得配合。

3. 安全距离及有效绝缘长度

（1）作业用绝缘工具都应经过绝缘检测，绝缘操作工具有效绝缘长度不得小于 0.7m。

（2）带电作业时，应保持足够的安全距离；如不能确保该安全距离时，应采用绝缘遮蔽措施。

（3）遮蔽用具之间的重叠部分不得小于 150mm。作业线路下层有低压线路同杆时，如妨碍作业，应对作业范围内的相关低压线路设置绝缘遮蔽措施。

4. 作业关键点

（1）本项目需停用线路重合闸。

（2）作业人员在安装或拆除工作接地时应戴绝缘手套。

（3）作业人员在接触带电导线和进行换相作业转移前，应得到监护人的许可。

（4）绝缘斗臂车在作业时，发动机不能熄火（电能驱动型除外），以保证液压系统处于工作状态；绝缘斗臂车、发电车、移动箱式变压器车应接地，接地电阻符合要求。

（5）带电、停电配合作业的项目，当带电、停电作业工序转换时，应指定现场协调人统一协调带电、停电作业，确认无误后，方可开始工作。

（6）负荷导出和恢复原运行方式前应在低压开关处核对相序。

（7）新变压器安装完毕投入运行前，应由施工方出具竣工报告并试验合格，履行相关手续。

5. 其他注意事项

（1）作业前应进行现场勘察。

（2）在作业时，吊车操作人员在起吊变压器时应听从指挥。

（3）上、下传递工具、材料均应使用绝缘绳传递，严禁抛掷。

（4）涉及带电与停电作业相配合时，应设立工作协调人，用以保证两个班组之间正确安全的工作。